樱花
研究与应用

RESEARCH AND APPLICATION OF FLOWERING CHERRY

"首届顾村樱花论坛" 论文集

上海樱花研究所 组编

胡永红 费富根 主编

樱花资源收集与分类　　樱花种质资源创新　　樱花繁殖与栽培　　樱花养护管理　　樱花造景与旅游开发

上海交通大学出版社
SHANGHAI JIAO TONG UNIVERSITY PRESS

内容提要

    樱花作为优良的观赏植物,已经成为美丽春天的重要象征,深受市民喜爱。本书系上海绿化市容局、宝山区政府、中国园艺学会观赏园艺专业委员会联合举办的"首届顾村樱花论坛"论文集,也是国内首次以樱花为主题的研讨会,收集了我国樱花研究与应用的最新成果,包括论文 15 篇,论述评述 1 篇。内容包括樱花品种资源收集与分类、花种资源创新、繁殖与栽培技术、养护管理、植物造景及旅游开发,基本涵盖了樱花研究与应用的主要方面。

    本书适合樱花及园林植物研究开发人员、生产人员及园林绿化工作者阅读。

图书在版编目(CIP)数据

樱花研究与应用 / 胡永红,费富根主编 . —上海:
上海交通大学出版社,2014
ISBN 978-7-313-10687-2

Ⅰ. ① 樱… Ⅱ. ① 胡… ② 费… Ⅲ. ① 蔷薇科-观花
树木-观赏园艺-文集 Ⅳ. ① S685.12

中国版本图书馆 CIP 数据核字(2014)第 026378 号

樱花研究与应用

——"首届顾村樱花论坛"论文集

主　　编:	胡永红　费富根			
出版发行:	上海交通大学出版社	地　　址:	上海市番禺路 951 号	
邮政编码:	200030	电　　话:	021-64071208	
出 版 人:	韩建民			
印　　制:	上海锦佳印刷有限公司	经　　销:	全国新华书店	
开　　本:	787mm×1092mm　1/16	印　　张:	8.75	
字　　数:	198 千字			
版　　次:	2014 年 2 月第 1 版	印　　次:	2014 年 2 月第 1 次印刷	
书　　号:	ISBN 978-7-313-10687-2/S			
定　　价:	80.00 元			

樱花研究与应用
——首届"顾村樱花论坛"论文集

编辑委员会

前　言

　　樱花作为优良观赏植物,已经成为美丽春天的重要象征,深受市民喜爱,2013年上海顾村公园樱花节共接待游客达105万人次,并创下上海公园单日游客14.98万人次的最高纪录。樱花在园林景观营造的地位和作用也越来越重要,越来越多的樱花应用于绿地,成为绿地结构优化和功能提升的重要途径。

　　为了提高樱花研究与应用水平,促进樱花相关产业的健康发展,建立樱花研究开发和合作交流平台,上海顾村公园、上海辰山植物园(中国科学院上海辰山植物科学研究中心)和上海市园林科学研究所联合成立了上海樱花研究所,并于2012年12月27日正式挂牌。上海樱花研究所将致力于樱花品种资源的培育开发、樱花园林景观应用、樱花文化产业研究等。

　　2013年4月13日,在樱花盛开的美好季节,上海市绿化和市容管理局、上海市宝山区人民政府、中国园艺学会观赏园艺专业委员会联合主办,上海樱花研究所承办的"首届顾村樱花论坛"成功举办。作为我国首次以樱花为主题的专业论坛,来自7个省市的20多名樱花与园林植物专家,齐聚上海顾村公园,围绕"樱花种质资源创新与应用"主题,针对樱花品种资源的收集与分类、樱花栽培与养护、樱花园林景观配置与营造、樱花旅游与产品开发等热点问题,共同探讨樱花研究与应用,提升樱花产业开发水平。

　　配合本次论坛,上海樱花研究所邀请国内樱花专家,针对赏樱热潮背景下的樱花研究与应用热点和难点,撰写专业文章进行交流。论坛结束后,我们对相关论文进行编辑,结集出版论文集,汇集樱花研究与应用的最新成果,展示顾村公园樱花景观,总结和交流樱花研究和应用的经验与教训,促进我国樱花研究与应用的健康和可持续发展。

主编:胡永红、费富根

2013年6月

目　录

樱属观赏品种分类研究

王贤荣　张　琼　李　蒙　伊贤贵

（南京林业大学森林资源与环境学院，南京　江苏　210037）

摘要：在查阅大量文献和野外调查的基础上，根据国际栽培植物命名法规，对我国樱属观赏品种进行了系统分类研究，确定了樱属品种分类原则及依据。在种系明确的前提下，共确定66个种及品种，分属20个种系并编制检索表；同时，将晚樱种系按花瓣数目分为单瓣、半重瓣、重瓣和菊瓣4个品种群，新命名品种5个，对12个品种的名称进行了整理，对国内首次报道的15个品种进行了名称整理和形态学补充描述，基本弄清了国内引种的概况，规范了市场品种的命名。

关键词：樱属；品种分类；品种群；检索表

樱属（*Cerasus*）植物隶属于蔷薇科（Rosaceae）李亚科（Prunoideae），为世界著名观赏植物，分布于北半球温和地带，亚洲、欧洲及北美洲均有分布，我国约有52种及变种，占世界樱属植物资源的三分之一以上。虽然我国资源丰富，栽培历史悠久，但对观赏类樱花种植及开发利用还是近年才逐渐受到重视。目前，国内城市种植的品种几乎都引自日本，品种名称和描述混乱，"同物异名"现象较为严重，尚未形成统一规范的名称和科学系统的分类体系。因此，需要建立一个合理的樱花品种分类系统，以满足于科研、园林应用及生产需要，进一步推动我国樱花产业的发展。

本研究在对樱花品种调查和前人工作的基础上，分析樱花自身形态变异的特点，从园林应用实际角度出发，对樱花品种分类进行综合探讨，以期为促进樱花品种分类研究的科学化、系统化，以及优良樱花品种的选育提供理论依据。

1　调查范围和方法

自2004年以来，对我国樱属植物栽培品种集中分布的地区进行系统调查和资料积累，调查地点包括大连、北京、南京、无锡、武汉、长沙、青岛等主要城市。野外调查采用重点调查和标准株调查相结合的方法，重点对樱花种植较多、品种丰富的地区进行详细调查记录,以便长期保护、观察、测定和核对。不同櫻花品种根据品种调查表(见表1)进行详细记载与统计,采集标本、拍摄照片。根据比较形态学方法,在综合分析品种性状变异和演化规律的基础上,提出分类原则和依据,按照《国家栽培植物命名法规》进行品种分类和整理。

表1 櫻花品种调查表

记载项目	记 载 内 容		
概 况	品种名称	俗名	编号
	种植地点	来源	种植方式
株型和树形	株型	长势	树龄
	树形	树高	冠幅
树 皮	开裂情况	光泽度	树皮颜色
	皮孔形状	皮孔密度	皮孔分布
芽与枝条	芽:单生 并生	开张情况	枝条粗细
	枝条密度	色泽	毛被
花 序	开花习性	花序类型	着花数目
	花开方向	有无香味	花期
	总梗颜色、长度、粗细及毛被		
	花梗颜色、长度、粗细及毛被		
花 冠	花型:单瓣;半重瓣;重瓣;菊瓣;台阁		
	花冠形状:钟状;浅杯状;碗状;碟形;充分展开		
	大小:小 < 2.5 cm;中等 2.5~3.5 cm;大 3.5~6 cm;非常大 > 6 cm		
花 瓣	花瓣颜色	花瓣形状	大小:长 × 宽
	花瓣先端	花瓣基部	花瓣数目
	花瓣褶皱	花瓣质地	花瓣脉纹
雌雄蕊	雌蕊长度	雌蕊数目和叶化度	花柱毛被
	花丝长度	雄蕊数目	花柱与雄蕊高度差
花 萼	萼筒形状	萼筒颜色及毛被	萼筒长度及直径
	萼片形状	萼片颜色及毛被	萼片长度和宽度
	萼片锯齿有无	萼片有无副萼	萼片:直立;开展;反折

（续表）

记载项目	记 载 内 容		
苞 片	总苞形状	总苞颜色及毛被	总苞腺体有无
	苞片形状	苞片颜色及毛被	苞片腺体有无
叶	颜色和毛被	叶形	大小：长 × 宽
	叶尖	叶基	叶缘锯齿和腺体
	叶柄颜色和毛被	叶柄腺体及位置	侧脉数目
	托叶	幼叶颜色和毛被	
果 实	结果率	果实形状及颜色	果味
特异性评价			

2 结果与分析

2.1 樱属品种分类原则和依据

我国野生樱属资源丰富，多数种类具有很高的观赏价值，栽培品种大部分为引种的复合杂交品种，可先根据萼筒形状、花序类型、花部（萼筒、萼裂片、花柱、子房）和果实颜色、苞片宿存与否等性状为依据，确定樱花品种的种源，以花型、花色、树形、幼叶颜色等稳定性状，作为品种划分的主要依据；花柱与雄蕊高度差、雌蕊叶化、萼裂片锯齿有无、叶缘锯齿、叶背颜色、苞片毛被等稳定性状也可作为识别品种的参考特征。由于樱花花期早晚、花径大小、花梗的长短等易受温度的影响而变化，不易作为主要鉴定依据。

2.2 樱属栽培种系及品种分类

2.2.1 樱属品种分类

目前国内种植的樱属品种初步归为20个种系66个种及品种，分类检索表如下：
1. 腋芽单生，形成花序；叶柄一般较长。（樱亚属 I Subgen. Cerasus）
　2. 花序上有绿色苞片，果期宿存，或伞形花序基部有大型芽鳞。
　　3. 叶缘锯齿急尖或渐尖，腺体顶生。
　　　4. 萼筒管状钟形，被稀疏柔毛；花先叶开放，花柱基部无毛。
　　　　5. 枝条不下垂，无二次开花现象 ·················· 1. 迎春樱 C. discoidea
　　　　5. 枝条下垂，春秋两季开花 ·········· 2. 垂枝迎春樱 C. discoidea 'Pendula'（新品种）
　　　4. 萼筒钟状，无毛或几无毛；花叶同放，花柱基部有疏柔毛 ····· 3. 微毛樱 C. clarofolia
　　3. 叶缘锯齿圆钝，腺体生于锯齿基部；花叶同放，伞形花序基部有大形鳞片；萼筒钟状无毛 ···················· 4. 欧洲甜樱桃 C. avium

2. 花序上苞片大多为褐色,稀绿褐色,通常果期脱落,稀小形宿存。

　6. 萼筒及花梗被柔毛。

　　7. 花柱基部无毛,稀被疏柔毛。

8. 萼裂片约为萼筒长度2倍,萼筒钟形;花先叶开放或近先叶开放 ……………………………… 5. 尾叶樱 *C. dielsiana*

8. 萼裂片较萼筒短,稀近等长。

　9. 叶缘尖锐重锯齿;萼筒钟状。

　　10. 花单瓣,无二次开花现象;萼裂片全缘。

　　　11. 花白色,具有浓郁芳香,花瓣水平开展;花梗、萼筒被稀疏柔毛 ………………………………………… 6. 樱桃 *C. pseudocerasus*

　　　11. 花淡紫红色,无香味。

　　　　12. 花微淡紫红色,花瓣水平开展,先端颜色深;花梗、萼筒密被柔毛 ………………………………………… 7. 启翁樱 *C.* 'Keio-zakura'

　　　　12. 花淡紫红色,花瓣不完全开展成杯形;花梗、萼筒被稀疏毛或几无毛 ………………………… 8. 椿寒樱 *C.* 'Introrsa'

　　10. 花重瓣,有二次开花现象;萼裂片有锯齿;花白色后变淡红色,花瓣基部楔形 ………………… 9. 子福樱 *C.* 'Kobuku-zakura'

　9. 叶缘单锯齿或不明显重锯齿;萼筒管状钟形。

　　13. 萼红褐色或绿褐色;花单瓣,白色,具有淡淡清香;萼筒及花梗被疏柔毛或几无毛 ………………………… 10. 崖樱 *C. scopulorum*

　　13. 萼绿色;花单瓣,青白色。

　　　14. 枝条不下垂;总梗较粗,花具有淡淡甜香;花梗及萼筒几无毛,花柱基部无毛 ………………… 11. 绿崖樱 *C. scopulorum* 'Lvya'(新品种)

　　　14. 枝条下垂;总梗细,花具有浓郁香味;花梗及萼筒被极稀疏柔毛,花柱基部被长柔毛 ………………12. 垂枝崖樱 *C. scopulorum* 'Pendula'(新品种)

7. 花柱基部有毛。

15. 萼筒壶形基部明显膨大或萼筒近无;叶侧脉近平行10~14对。

　16. 花单瓣。

　　17. 枝条不下垂;花淡粉色;叶上面无毛,下面被柔毛,脉上尤密 …………………………………………… 13. 大叶早樱 *C. subhirtella*

　　17. 枝条下垂。

　　　18. 花色较浅,淡粉色,花瓣先端颜色有时较深 ……………………………… 14. 垂枝早樱 *C. subhirtella* 'Pendula'

　　　18. 花色较深,淡紫红色,花瓣先端颜色通常较深 ……………………………… 15. 红枝垂 *C. subhirtella* 'Plendula Rosea'

　16. 花半重瓣。

　　19. 枝条下垂。

　　　20. 萼筒壶形;花淡紫红色,花较小,直径1.8~2.6 cm ……………………………

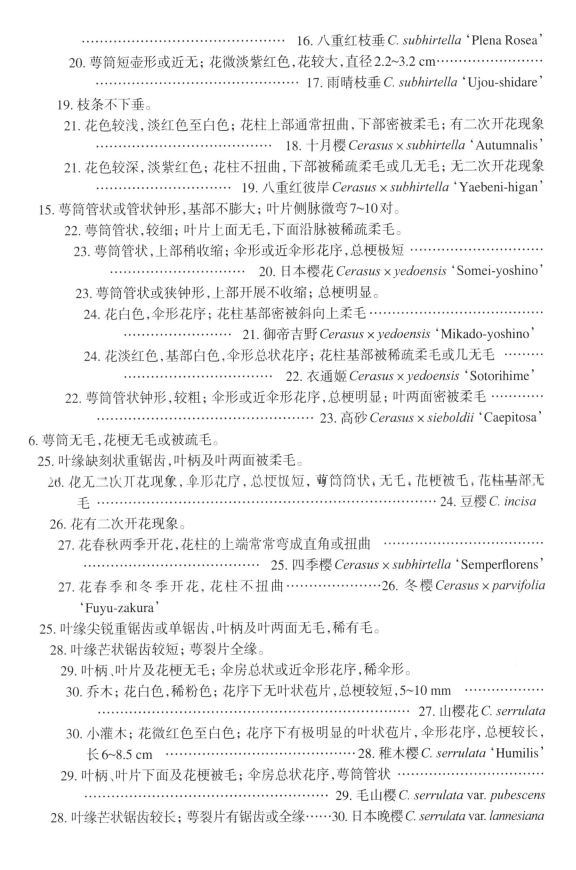

················· 16. 八重红枝垂 *C. subhirtella* 'Plena Rosea'

　　20. 萼筒短壶形或近无；花微淡紫红色，花较大，直径 2.2~3.2 cm···············

················· 17. 雨晴枝垂 *C. subhirtella* 'Ujou-shidare'

　19. 枝条不下垂。

　　21. 花色较浅，淡红色至白色；花柱上部通常扭曲，下部密被柔毛；有二次开花现象

··············· 18. 十月樱 *Cerasus × subhirtella* 'Autumnalis'

　　21. 花色较深，淡紫红色；花柱不扭曲，下部被稀疏柔毛或几无毛；无二次开花现象

············· 19. 八重红彼岸 *Cerasus × subhirtella* 'Yaebeni-higan'

15. 萼筒管状或管状钟形，基部不膨大；叶片侧脉微弯 7~10 对。

　22. 萼筒管状，较细；叶片上面无毛，下面沿脉被稀疏柔毛。

　　23. 萼筒管状，上部稍收缩；伞形或近伞形花序，总梗极短 ············

·············· 20. 日本樱花 *Cerasus × yedoensis* 'Somei-yoshino'

　　23. 萼筒管状或狭钟形，上部开展不收缩；总梗明显。

　　　24. 花白色，伞形花序；花柱基部密被斜向上柔毛 ·············

·············· 21. 御帝吉野 *Cerasus × yedoensis* 'Mikado-yoshino'

　　　24. 花淡红色，基部白色，伞形总状花序；花柱基部被稀疏柔毛或几无毛 ·········

·············· 22. 衣通姬 *Cerasus × yedoensis* 'Sotorihime'

　22. 萼筒管状钟形，较粗；伞形或近伞形花序，总梗明显；叶两面密被柔毛 ·············

················· 23. 高砂 *Cerasus × sieboldii* 'Caepitosa'

6. 萼筒无毛，花梗无毛或被疏毛。

　25. 叶缘缺刻状重锯齿，叶柄及叶两面被柔毛。

　　26. 花无二次开花现象，伞形花序，总梗极短，萼筒筒状，无毛，花梗被毛，花柱基部无毛 ·············· 24. 豆樱 *C. incisa*

　26. 花有二次开花现象。

　　27. 花春秋两季开花，花柱的上端常常弯成直角或扭曲 ·············

·············· 25. 四季樱 *Cerasus × subhirtella* 'Semperflorens'

　　27. 花春季和冬季开花，花柱不扭曲·············26. 冬樱 *Cerasus × parvifolia* 'Fuyu-zakura'

　25. 叶缘尖锐重锯齿或单锯齿，叶柄及叶两面无毛，稀有毛。

　　28. 叶缘芒状锯齿较短；萼裂片全缘。

　　29. 叶柄、叶片及花梗无毛；伞房总状或近伞形花序，稀伞形。

　　　30. 乔木；花白色，稀粉色；花序下无叶状苞片，总梗较短，5~10 mm ·············

·············· 27. 山樱花 *C. serrulata*

　　　30. 小灌木；花微红色至白色；花序下有极明显的叶状苞片，伞形花序，总梗较长，长 6~8.5 cm ··········28. 稚木樱 *C. serrulata* 'Humilis'

　　29. 叶柄、叶片下面及花梗被毛；伞房总状花序，萼筒管状 ·············

·············· 29. 毛山樱 *C. serrulata* var. *pubescens*

　　28. 叶缘芒状锯齿较长；萼裂片有锯齿或全缘······30. 日本晚樱 *C. serrulata* var. *lannesiana*

31. 花瓣单瓣或重瓣,花瓣数目50枚以内。

 32. 花单瓣或有旗瓣,花瓣数目5~10枚。(单瓣品种群 *C. serrulata* var. *lannesiana* Single Group)

  33. 花单瓣,花瓣数目5枚。

   34. 枝条不下垂,伞房或伞房总状花序。

    35. 花瓣平展;萼筒管状,较细。

     36. 花白色,有香味,通体无毛 ··
··············· 31. 大岛 *C. serrulata* var. *lannesiana* 'Speciosa'

     36. 花初为白色后变成淡紫红色,脉纹特别明显,有淡淡香味;花梗及萼筒被疏毛或几无毛 ············
············· 32. 变大岛 *C. serrulata* var. *lannesiana* 'Transform'(新品种)

    35. 花瓣有起伏褶皱,花白色,无香;萼筒管状钟形,稍粗;花梗被稀疏柔毛 ······
··············· 33. 薄墨 *C. serrulata* var. *lannesiana* 'Nigrescens'

   34. 枝条下垂;伞形花序,无香,花瓣白色,边缘淡红色;萼筒筒状钟形,萼裂片全缘 ·············34. 仙台枝垂 *C. serrulata* var. *lannesiana* 'Sendai-shidare'

  33. 花有旗瓣,花瓣数目5~10枚。

   37. 花瓣5~10,无褶皱,花较小,直径约3.7 cm,具有浓郁芳香;萼裂片上半部有锯齿 ··········· 35. 骏河台匂 *C. serrulata* var. *lannesiana* 'Surugadai-odora'

   37. 花瓣5~12,有褶皱,花较大,直径约5 cm,无香;萼裂片全缘 ·················
··············· 36. 大提灯 *C. serrulata* var. *lannesiana* 'Ojochin'

32. 花半重瓣或重瓣,花瓣数目较多。

 38. 花半重瓣,花瓣数目11~20枚。(半重瓣品种群 *C. serrulata* var. *lannesiana* Semidouble Group)

  39. 花白色或微淡紫红色。

   40. 花色较浅,白色或微淡红色,有香味。

    41. 花纯白色,近先叶开放;枝条开展;萼裂片全缘 ······························
·················37. 白妙 *C. serrulata* var. *lannesiana* 'Sirotae'

    41. 花微淡紫红色,中部近白色,花叶同放;枝条向上伸展成扫帚型;萼裂片有锯齿
·············· 38. 天之川 *C. serrulata* var. *lannesiana* 'Erect'

   40. 花淡紫红色,无香味。

    42. 花瓣脉纹不明显;萼筒及萼裂片无毛。

     43. 雄蕊1~2枚,有时叶化;萼筒漏斗状,较小,长约6 mm ··············
·····················39. 江户 *C. serrulata* var. *lannesiana* 'Nobilis'

     43. 1枚正常雄蕊,不叶化;萼筒漏斗状,较大,长约7 mm ··············
··············· 40. 杨贵妃 *C. serrulata* var. *lannesiana* 'Mollis'

    42. 花瓣脉纹明显;萼筒钟状,萼裂片全缘,萼筒上部及萼裂片被疏柔毛 ·········
·················41. 松前早咲 *C. serrulata* var. *lannesiana* 'Masumae-hayakaki'

 39. 花淡黄绿色或淡绿色。

44. 花淡黄绿色,花瓣褶皱,边缘不反卷,质地较薄,末花期花心及脉纹都变红 ………
　　　………………………… 42. 郁金 C. serrulata var. lannesiana 'Grandiflora'

44. 花淡黄绿色嵌入深绿色条纹,深绿色质地较厚,花瓣边缘反卷,末花期花瓣中脉
　　自基部变成紫红色 ………… 43. 御衣黄 C. serrulata var. lannesiana 'Giokio'

38. 花重瓣,花瓣数目21~50枚。(重瓣品种群 C. serrulata var. lannesiana Double Group)

45. 花色较浅,白色或淡红色后变近白色。

46. 花白色,花瓣质地较厚,有香味;雌蕊1枚,不叶化 ……………………………
　　　…………………… 44. 市原虎之尾 C. serrulata var. lannesiana 'Ichihara'

46. 花淡红色或淡红色后变成近白色,花瓣质地薄。

47. 萼裂片全缘,萼筒长漏斗状;雌蕊1枚,下半部分叶化;幼叶黄绿色略带褐色
　　　………………… 45. 一叶 C. serrulata var. lannesiana 'Hisakura'

47. 萼裂片明显有锯齿,萼筒短漏斗状或长钟形。

48. 萼筒短漏斗状,雌蕊叶化,花无香。

49. 幼叶黄绿色;雌蕊1,有时2枚,下半部分叶化;花瓣外侧淡紫红色,内侧近白
　　色 ………………… 46. 松月 C. serrulata var. lannesiana 'Superba'

49. 幼叶红褐色;雌蕊2枚,下半部分叶化;花瓣外侧淡红色,内侧近白色 ………
　　　………………… 47. 普贤象 C. serrulata var. lannesiana 'Hisakura'

48. 萼筒长钟形,雌蕊1枚,不叶化;花淡红色,稍有香味;幼叶绿褐色 ………
　　　………………48. 八重红大岛 C. serrulata var. lannesiana 'Yaebeni-ohshima'

45. 花色较深,淡紫红色。

50. 成叶绿色,幼叶红褐色后转为绿褐色;萼筒漏斗状,萼裂片全缘;雌蕊1~2枚,下
　　半部分叶化 …………………… 49. 关山 C. serrulata var. lannesiana 'Sekiyama'

50. 成叶深紫红色,幼叶红褐色后转为紫红色;萼筒漏斗状,萼裂片全缘;雌蕊1~2枚,
　　下半部分叶化 ………50. 红叶樱花 C. serrulata var. lannesiana 'Hongye'(新品种)

31. 花瓣数目极多,在50枚以上。(菊瓣品种群 C. serrulata var. lannesiana Juban Group)

51. 萼筒极短漏斗状,副萼不明显,花瓣化;总梗较短,0.5~2 cm,花梗被疏毛;花瓣
　　80~150枚,无台阁型 …………51. 福樱 C. serrulata var. lannesiana 'Polycarpa'

51. 萼筒盘状或无,副萼明显;总梗较长,2~4 cm,花梗无毛;花瓣100~180枚,有台阁
　　型 …………… 52. 菊樱 C. serrulata var. lannesiana 'Chrysanthemoides'

27. 叶缘锯齿尖锐但不为芒状;先花后叶,稀花叶同放。

52. 萼筒管状或管状钟形,叶两面无毛。

53. 花序伞形,先叶开放;叶片卵形至倒卵状椭圆形。

54. 萼筒管状,基部不膨大,上部较宽;花1~3朵,无总梗,花有淡淡香味 ………
　　　…………………………………………… 53. 大山樱 C. sargentii

54. 萼筒管状钟形,基部略膨大;花较多,有总梗。

55. 花瓣白色或粉色,花3~5朵;总梗长0.4~1.5 cm;叶边重锯齿 ………………
　　　………………………………………… 54. 华中樱 C. conradinae

55. 花瓣玫红色或淡紫红色。

56. 花单瓣。

  57. 花玫红色,不完全开展成钟状,2~4朵;总梗长2~4 mm;叶边单锯齿或重锯齿 ·······55. 钟花樱 *C. campanulata*

  57. 花淡红色或淡紫红色,水平开展。

    58. 花瓣脉纹不明显,淡红色或淡紫红色。

      59. 花淡红色,伞形花序,总梗极短,2~5 mm;小枝极为粗糙;幼叶红褐色 ······ 56. 寒樱 *Cerasus* × *kanzakura* 'Praecox'

      59. 花淡紫红色,总梗明显;小枝平滑。

        60. 枝条斜向上伸展;萼裂片全缘;花柱低于雄蕊;幼叶黄绿色 ······ 57. 修善寺寒樱 *Cerasus* × *kanzakura* 'Rubescens'

        60. 枝条水平开展;萼裂片有少数细锯齿;花柱与雄蕊等高;幼叶绿褐色 ······ 58. 河津樱 *Cerasus* × *kanzakura* 'Kawazu-zakura'

    58. 花瓣脉纹明显,淡紫红色。

      61. 花瓣椭圆形,基部楔形;花梗无毛 ·······59. 飞寒樱 *C. companulata* 'Feihan'

      61. 花瓣宽椭圆形,基部近圆形;花梗被开出柔毛 ······60. 阳光樱 *C.* 'Youkou'

  56. 花重瓣,玫红色,不完全开展成钟状;伞形花序,总梗较短,花梗无毛 ······ 61. 重瓣钟花樱 *C. campanulata* 'Polypetalus'

53. 花序近伞形,花叶同放;叶片卵状披针形或长圆状披针形,萼筒钟状 ······62. 高盆樱 *C. cerasoides*

52. 萼筒宽钟形,先花后叶。

  62. 花单瓣,伞形总状花序,花瓣深粉红色,基部有爪;叶背面脉上有长柔毛 ······ 63. 红花高盆樱 *C. cerasoides* var. *rubea*

  62. 花半重瓣,伞形花序,花瓣玫红色,18~26枚,基部楔形;叶两面无毛 ······ 64. 重瓣红花高盆樱 *C. cerasoides* var. *rubea* 'Polypetalus'

1. 腋芽三个并生,中间为花芽,两侧为叶芽;叶柄极短或无。(矮生樱亚属 Ⅱ Subgen. Microcerasus)

63. 叶片长圆状披针形或椭圆状披针形,两面无毛或中脉有疏柔毛;花单生或2朵簇生,花梗长6~8 mm ······ 65. 麦李 *C. glandulosa*

63. 叶片卵状椭圆形或倒卵状椭圆形,上面被疏柔毛,下面密被柔毛,后渐疏;花单生或2朵簇生,花梗极短 ······ 66. 毛樱桃 *C. tomentosa*

2.2.2　樱属品种分类讨论

1)樱属品种种系划分

按照《国际栽培植物命名法规》的规定,结合樱花品种研究结果,樱属品种分类体系应当在明确品种所属的分类等级"种系"的前提下,进行品种群或品种的划分,这里的"种系"可以是种、变种或属内杂交种或属间杂种起源的品种,但必须明确其杂交种或杂交属的名称。

国内种植的品种除了少数为野生种外几乎都为杂交种，并且多数种类很难确定其亲本。因此，将种及变种作为独立种系处理，杂交品种则根据其表现出的亲本特征归入相应的种系而不单独作为独立种系。《中国植物志》(1986)记载的东京樱花(*C. yedoensis*)，也就是普遍种植的日本樱花或称为染井吉野，日本樱花分类体系中的一个品种这里将其处理为独立的种系。另外，从日本引进的高砂(*Cerasus* × *sieboldii* 'Caepitosa')其性状与其他栽培品种有很多不同，可以确定的一个亲本为丁字樱(*C. apetala*)，凡与丁字樱有关的品种属于高砂种系。

2)樱属品种群分类

樱花品种群的划分存在多种方式，有根据品种来源划分的(川崎哲也，1994；大场秀章等，2007)，有按照花期不同分类的(藤木俊雄，2009)，也有根据花瓣数目多少分类(大场秀章等，2007；时玉娣，2007；张杰，2010)。根据国内樱花品种实地调查结果，结合自身观赏性状，其品种群的划分以花瓣数目、花色、幼叶颜色为主要依据。

目前，除了晚樱种系之外其他种内的观赏品种较少，尚无划分品种群的必要。而晚樱种系下的品种主要是日本培育出的栽培品种，这些品种是以大岛樱(*C. serrulata* var. *lannesiana* 'Speciosa')为基础，通过樱属野生种或栽培品种复杂的参与培育出性状变化极其丰富的樱花品种群。由于栽培品种众多，为了便于使用，这里我们不是根据品种来源进行分类，而是按花瓣数目的多少分为4个品种群：即单瓣品种群(*C. serrulata* var. *lannesiana* 'Single Group')花瓣数5~10、半重瓣品种群(*C. serrulata* var. *lannesiana* 'Semidouble Group')花瓣数11~20、重瓣品种群(*C. serrulata* var. *lannesiana* 'Double Group')花瓣数21~50、菊瓣品种群(*C. serrulata* var. *lannesiana* 'Juban Group')花瓣数50以上。

针对樱属植物资源丰富，性状变异较大，对其品种归属不清等问题，调查结果有待进一步修订和完善。相对于其他传统名花而言，樱属植物的品种资源研究尚处于起步阶段，缺乏自主品种培育，尤其是灌木类以及适合做切花、盆景栽培的品种还有待进一步开发。

参考文献

[1] Li C-L, Bartholomew B. Cerasus. In: Wu Z-Y, Raven P H eds. Flora of China [M]. Beijing: Science Press; St. Louis: Missouri Botanical Garden Press. 2003, 9: 404-420.

[2] 王贤荣，向其柏.早樱种系分类及其观赏价值[J].南京林业大学学报，2000, 24(6):44-46.

[3] 王贤荣.国产樱属分类学研究[D].南京林业大学，1998.

[4] Xiangrong Wang, Q.B. Xiang, Cerasus hefengensis (Rosaceae), a new species from SW Hubei, China, Ann. Bot. Fennici, 2007(4): 151-152.

[5] 王贤荣，谢春平，等.不同居群野生早樱形态变异研究[J].植物学报，2007, 27(6): 746-750.

[6] 王贤荣，伊贤贵，等.Cerasus campanulata var. wuyiensis, a New Variety of Rosaceae in Wuyi Mountain, Acta Botanica Yunnanica, 2007, 29(6): 616-617.

[7] 臧德奎.桂花品种分类研究[D].南京林业大学，2004.

[8] 王贤荣，孙美萍，时玉娣，等.无锡樱花种与品种资源分类研究[J].南京林业大学学报，2007(6): 21-24.

［ 9 ］俞德浚,李朝銮,等.中国植物志(第38卷)[M].北京:科学出版社,1986,41-89.

［10］Brickell C D, Baum B R, Hetterscheid W L A, et al. International code of nomenclature for cultivated plants. 7th ed [C]. Acta Horticulturae, 2004,647:1-84.

［11］向其柏,臧德奎,等.国际栽培植物命名法规[M].北京:中国林业出版社,2006,6.

［12］川崎哲也.日本的樱花[M].1994.

［13］大场秀章,川崎哲也,田中秀明.新日本の樱[M].山溪谷社,2007.

［14］藤木俊雄.日本の樱增补本[M].日本写真印刷株式会社,2009.

［15］时玉娣.樱属品种资源调查及分类研究[D].南京林业大学,2007.

［16］张杰.樱花品种资源调查和园林应用研究[D].南京林业大学,2010.

上海辰山植物园樱花品种收集与园林应用

刘 洋

（上海辰山植物园 上海 201602）

摘要：樱花作为著名的观赏花木，其株型优美、花色艳丽、花期延续期长，在园林上具有极高的观赏价值和应用前景。本文通过分析辰山植物园樱花品种收集的整体概括及其观赏特性，结合实地的引种观测和应用展示，重点对园内樱花的花期进行系统归类，探讨相应的品种选择和景观应用，以期为樱花的园林（造景）风景艺术提供理论和实际的指导。

关键词：樱花；品种收集；景观应用

樱花隶属于蔷薇科（Rosaceae）樱属（Cerasus），是春季重要的观赏植物，其种类繁多，花色繁丽、叶色多彩、树形多姿，不仅拥有盛开时的绯云之美，又有凋落时的落英之凄；而且生命力强、长势旺盛，其独特之处在丰富园林植物多样性、构建特色植物群落景观及提升城市特色方面起着重要作用。

在日本，樱花被奉为国花，每逢樱花时节，日本人赏樱如痴如醉，呈现喜庆蓬勃的盛况（张杰，2010）。在欧美及其他国家，也都广为栽植樱花，形成灿烂多姿的樱花景观。在我国，近年来樱花主题公园、樱花专类园得到长足发展，人们对樱花的观赏需求也进一步加大，樱花的美学价值和观赏价值越来越得到人们的重视。

深入了解和认知樱花在美学方面的独特性，有利于更好地享受樱花在构建特色植物景观和提升城市品位中带来的乐趣。因此，品种收集和合理的景观应用尤为重要，如何把收集的品种与景观营建的方式更好地结合，则是展现樱花风景艺术的关键所在，也是众多植物收集者和景观设计者值得深思的问题。

1 辰山植物园樱花品种收集概况

全世界樱属植物野生资源约有120多种，其资源丰富、种类众多。我国产48种，从南到北都有分布，日本原产约26种，其余种类多产于亚洲各地。在我国，樱属植物栽培历史悠久，早在两千多年前的秦汉时期，樱花就已在宫廷中栽培，但一直以来对于樱花品种的研究相对较少。经过上百年的品种选育,樱属植物已经由最初的120种野生资源衍变出一个品种丰富的类群,据资料统计,目前全世界栽培的樱花品种约300多个,大部分集中在中国和日本(王铖,2010)。辰山植物园在建园初期就重视樱花品种的资源收集,从2007年至今,先后从日本、美国、荷兰以及我国各地先后收集樱花品种50多个,形态上包含狭锥形、宽锥形、瓶形、伞形;花色上包含白色、粉白色、粉色、粉红色、紫红色和黄绿色;花期上包含秋冬开花、早春开花、阳春开花、晚花类等品种,经过科学的驯化管理,目前在辰山植物园中进行展示的有近1 000余株。

2 收集地自然条件

上海辰山植物园位于上海市西南的松江区内,主要受季风环流支配,受冷暖空气影响,春秋季常形成干湿冷暖多变等不稳定天气,夏季以东南风为主,天气炎热多雨;冬季以西北风为主,天气寒冷少雨;年平均气温15.8℃,年平均日照1 819 h,年降水量1 214 mm;极端最高温度39.6℃,极端最低温度−8.8℃。

3 樱花品种的主要观赏特性

3.1 树形

树形是植物个体外在的表现形式,不同品种的外在形态也有不同变化。辰山植物园已收集樱花品种的树形基本分可分为五类:① 狭锥形(扫帚形):分枝角度<30℃,如天川(*Cerasus serrulata* 'Erecta')(见图1)。② 宽锥形:分枝角度<45℃,如红华(*Cerasus serrulata* 'Kouka')(见图2)、关山(*Cerasus serrulata* 'Kanzan')、兰兰(*Cerasus serrulata* 'Ranran')等。③ 瓶形:分枝角度<60℃,如白妙(*Cerasus* 'Shirotae')、钟花樱(*Cerasus campanulata*)、'十月'大叶早樱(*Cerasus subhirtella* 'Autumnalis')、'潘多拉'樱花(*Cerasus* 'Pandora')、冬樱(*Cerasus × parvifolia* 'Fuyu-zakura')(见图4)、椿寒樱(*Cerasus introrsa* 'Introrsa')、郁金(*Cerasus* 'Ukon')、御衣黄(*Cerasus serrulata* 'Gioiko')等。④ 伞形:分枝角度<90℃,如染井吉野(*Cerasus yedoensis*)(见图5)、迎春樱(*Cerasus discoidea*)、大寒樱(*Cerasus × kanzakura* 'Oh-kannzakura')、修善寺寒樱(*Cerasus × kanzakura Rubescens*)、'嘉奖'樱花(*Cerasus* 'Accolade')、松月(*Cerasus serrulata* 'Superba')等。⑤ 垂枝形:枝条下垂,如雨晴枝垂(*Cerasus spachiana* 'Ujou shidare')(见图3)、八重红枝垂(*Cerasus subhirtella* 'Pendula Plena Rosea')、'垂菊'樱(*Cerasus* 'Kiku-shidare')等。

图1 狭锥形

图2 宽锥形

图3 垂枝形

图4 瓶形

图5 伞形

3.2 花色和花瓣

樱花品种的花色主要分为7级：白色、粉白色、粉色、粉红色、紫红色和黄绿色。白色及粉白色的樱花品种最为常见，如染井吉野（*Cerasus yedoensis*）、白妙（*Cerasus* 'Shirotae'）（见图6）、太白（*Cerasus lannesiana* 'Taihaku'）、兰兰（*Cerasus serrulata* 'Ranran'）、'潘多拉'樱花（*Cerasus* 'Pandora'）、冬樱、'嘉奖'樱花（*Cerasus* 'Accolade'）及樱桃品种。粉色、粉红色，如河津樱（*Cerasus lannesiana* 'Kawazuzakura'）（见图7）、大寒樱（*Cerasus × kanzakura* 'Oh-kannzakura'）、修善寺寒樱（*Cerasus × kanzakura* Rubescens）、椿寒樱（*Cerasus introrsa* 'Introrsa'）、八重红枝垂（*Cerasus subhirtella* 'Pendula Plena Rosea'）、'秋季玫瑰红'大叶早樱（*Cerasus subhirtella* 'Autumnalis Rosea'）、'垂菊'樱（*Cerasus*

图6 白色

图7 粉色

图8 紫红色

图9 黄绿色

'Kiku-shidare')、红华（*Cerasus serrulata* 'Kouka'）、松月（Cerasus serrulata 'Superba'）等。黄绿色的樱花品种，如郁金（*Cerasus* 'Ukon'）和御衣黄（*Cerasus serrulata* 'Gioiko'）（见图9），紫红色的钟花樱（*Cerasus campanulata*）（见图8）少见。

花瓣主要以单瓣、半重瓣和重瓣为主，单瓣主要以早樱类居多，如河津樱、大寒樱、染井吉野、'潘多拉'樱花（*Cerasus* 'Pandora'）等。重瓣类品种以晚樱类居多，如红华（*Cerasus serrulata* 'Kouka'）、松月（*Cerasus serrulata* 'Superba'）等。半重瓣品种有：'十月'大叶早樱（*Cerasus subhirtella* 'Autumnalis'）、白妙（*Cerasus* 'Shirotae'）、八重红枝垂（*Cerasus subhirtella* 'Pendula Plena Rosea'）、天川（*Cerasusserrulata* 'Erecta'）、郁金（*Cerasus* 'Ukon'）、御衣黄（*Cerasus serrulata* 'Gioiko'）等。

3.3 花期

花期是樱花景观应用中较为重要的一环，辰山植物园在品种收集和景观应用上主要以花期为轴线，分别以有以下四类：

1）秋冬开花类

主要以'秋季玫红'大叶早樱（*Cerasus subhirtella* 'Autumnalis Rosea'）（见图10）、'十月'大叶早樱（*Cerasus subhirtella* 'Autumnalis'），冬樱（*Cerasus* × *parvifolia* 'Fuyu-zakura')(见图11)为主。

2）早春开花类

钟花樱（*Cerasus campanulata*）、迎春樱（*Cerasus discoidea*）、河津樱（*Cerasus lannesiana* 'Kawazuzakura'）(见图12)、大寒樱（*Cerasus × kanzakura* 'Oh-kannzakura'）、修缮寺寒樱（*Cerasus × kanzakura Rubescens*）、椿寒樱（*Cerasus introrsa* 'Introrsa'）为主。

3）阳春开花类

'姚西诺'东京樱花（*Cerasus yedoensis* 'Yoshino'）、'潘多拉'樱花（*Cerasus* 'Pandora'）、'奥博拉'大叶早樱（*Cerasus subhirtella* 'Ombrella'）、'嘉奖'樱花（*Cerasus* 'Accolade'）、'秋季玫瑰'大叶早樱（*Cerasus subhirtella* Autumnalis Rosea'）、冬樱（*Cerasus × parvifolia* 'Fuyu-zakura'）、雨晴枝垂（*Cerasus spachiana* 'Ujou shidare'）、染井吉野（*Cerasus yedoensis*）(见图13)、'垂菊'樱（*Cerasus* 'Kiku-shidare'）、'南阳大粒'樱桃、'黄玉'樱桃、圆叶樱桃（*Cerasus mahaleb*）等。

图10 秋季开花

图11 冬季开花

图12 早春开花

图13 阳春开花

4）晚花类

红华（*Cerasus serrulata* 'Kouka'）、松月（*Cerasus serrulata* 'Superba'）、兰兰（*Cerasus serrulata* 'Ranran'）、天川（*Cerasusserrulata* 'Erecta'）、郁金（*Cerasus* 'Ukon'）、御衣黄（*Cerasus serrulata* 'Gioiko'）、'关山'樱（*Cerasus serrulata* 'Kanzan'）、'维多利'富士樱（*Cerasus incisa* 'Vitroeli'）等。

4 樱花景观营建

樱花春季景观的营建通常可采用两种方式：一是常规方式，如孤植、列植、丛植、林植等；二是非常规方式，可借鉴樱花专类园或"樱花主题公园"的形式，品种选择上运用秋冬开花类、早春开花类、阳春开花类和晚花类不同花期、花色的开花品种为主题进行装点。因此，在运用樱花进行景观营建时，如何把营建方式与品种选择有机结合，则是具有较高艺术性樱花风景成败的关键。

辰山植物园建园依始，就注重樱花在景观应用方面的功能，选址时特意将1号门附近具有坡地、道路及地形的区域作为樱花景观展示的主要区域，因前期引种的品种来自不同国家、不同的地域、不同的规格和形态，景观营造方面主要以品种展示及樱花林为主。但随着辰山植物园的开园和快速发展，如何利用樱花固有的观赏特性展示春季风景的艺术，如何把樱花在春季生命节律中最为强烈的这一特性应用到现代园林建设中，营造一个浪漫、丰富多彩的春季伊甸园（廖建华等，2011），展现一个姹紫嫣红的春季景观，则是辰山人一直深思的问题。2011年底，辰山以樱花园的景观营造为重点，大力推进樱花园的景观提升工作，经过半年的品种筛选和收集工作，陆续从上海、山东等地引入早花、晚花品种12种300余株，采用孤植、列植、林植的方式栽植于辰山绿环和主干道两侧，力争打造3月上旬至4月下旬期间，樱花不同时间不同组团、不同色系先后绽放的群落景观。因此，樱花在景观的营建时应从花期入手，重在品种选择同时兼顾营建方式带来的艺术美。

4.1 品种选择

辰山植物园在景观应用上主要以花期为轴线，品种选择上主要以秋冬开花的'秋季玫红'大叶早樱（*Cerasus subhirtella* 'Autumnalis Rosea'）、'十月'大叶早樱（*Cerasus subhirtella* 'Autumnalis'），冬樱（*Cerasus × parvifolia* 'Fuyu-zakura'）为主；早春开花的河津樱（*Cerasus lannesiana* 'Kawazuzakura'）、大寒樱（*Cerasus × kanzakura* 'Oh-kannzakura'）、修善寺寒樱（*Cerasus × kanzakura* 'Rubescens'）为主。阳春开花的'潘多拉'樱花（*Cerasus* 'Pandora'）、'奥博拉'大叶早樱（*Cerasus subhirtella* 'Ombrella'）、'嘉奖'樱花（*Cerasus* 'Accolade'）、雨晴枝垂（*Cerasus spachiana* 'Ujou shidare'）、染井吉野（*Cerasus yedoensis*）、樱桃品种等；晚花类的红华（*Cerasus serrulata* 'Kouka'）、松月（*Cerasus serrulata* 'Superba'）、兰兰（*Cerasus serrulata* 'Ranran'）、天川（*Cerasus serrulata* 'Erecta'）、郁金（*Cerasus* 'Ukon'）、御衣黄（*Cerasus serrulata* 'Gioiko'）、'关山'樱（*Cerasus serrulata* 'Kanzan'）等。

4.2 营建方式

在樱花景观应用的营建方式上辰山植物园主要采用的非常式中的樱花专类园以及常规式中的孤植、列植及林植。

4.2.1 樱花专类园

辰山植物园樱花专类园始建于2009年12月,园内共收集来自国内外的樱花品种达50多种,主要以樱花种植与品种的收集、展示、科研教育等为主题,整体景观以秋冬有花(花开花落)、早春有韵(韵味十足)、阳春有景(景致亮丽)、晚春斑斓的营建原则,营造不同时间、不同色系、不同组团此起彼伏的樱花景观效果。以早花类和晚花类为例,早花类共计41种,晚花类共计9种,冬樱(*Cerasus* × *parvifolia* 'Fuyu-zakura')在冬季和早春于叶前开放,钟花樱(*Cerasus campanulata*)、迎春樱桃(*Cerasus discoidea*)、大寒樱(*Cerasus* × *kanzakura* 'Oh-kannzakura')、修善寺寒樱(*Cerasus* × *kanzakura* Rubescens)、椿寒樱(*Cerasus introrsa* 'Introrsa')等于早春开放,染井吉野(*Cerasus yedoensis*)、'嘉奖'樱花(*Cerasus* 'Accolade')、樱桃品种等于阳春开放,红华(*Cerasus serrulata* 'Kouka')、松月(*Cerasus serrulata* 'Superba')、兰兰(*Cerasus serrulata* 'Ranran')、天川(*Cerasusserrulata* 'Erecta')、郁金(*Cerasus* 'Ukon')、御衣黄(*Cerasus serrulata* 'Gioiko')等于四月中下旬开放。花开之际,整座公园以盛开的品种群落为主角次第开放,无论是视觉上还是精神上都将是一种享受。其次,辰山樱花园的种植设计也是人为地把早花品种和晚花品种有意分开,高大茂密的早花类品种林植于主入口樱花园的外侧和道路、广场两侧,不同色系组团的晚花类品种植于内围,盛开之时,早花类品种一片花海,夺人眼球,凋谢落叶时又可利用辰山特有的地形为不同色系的晚樱构成背景,形成前有山湖后有群林,五彩缤纷的景观效果。

4.2.2 孤植

采用孤植的品种通常具有树姿优美、花量丰富、花色艳丽等极具特色的樱花品种,开花之时即可形成一树繁花、春光明媚的景境,从而能够独立成景,形成视觉、景观的焦点。例如:辰山植物园在樱花孤植树种的选择上运用染井吉野单独植于大草坪和广场中心,形成视线焦点(见图14);运用雨晴枝垂(*Cerasus*

图14 孤植染井吉野

spachiana 'Ujou shidare')植于道路交叉口以及园路的转角处,以其特定的位置吸引人们注意力;运用河津樱、大寒樱等孤植于桥头河边,单独成景,营造出一种闹春的景观效果,从而让人们感觉到春季的到来。

4.2.3 列植

列植作为园林应用上常用的营建方式,樱花的列植景观效果在春季颇具壮观,对于一些早花类品种如大寒樱、椿寒樱、迎春樱、修缮寺寒樱等,晚花类品种如大岛樱、松月、关山、兰兰、八重红枝垂等,都可采用列植的方式种植于道路两旁,形成一条整齐的花带。辰山列植应用的典范要属樱花园边的粉红隧道,运用枝条平展、花色艳丽、花期最早,一度被誉为日本伊豆半岛最早盛开的樱花品种河津樱(见图15),非对称地列植于内广场西侧的道路两侧,株与株之间配以五颜六色的郁金香及草花,三月依始,粉红色的花朵竞相开放,两旁万紫千红、花团锦簇,俨然一条望不到边的鲜花大道,花瓣飘落之际,片片如粉雪纷飞,地面铺满花瓣,如同走在由花瓣铺就的花径之中,秋季到来之时,其黄叶挂满枝头,又是一道别样风景。

4.2.4 林植

林植,聚少成多,主要强调其整体效果(见图16)。其品种早花类、晚花类均有极佳效果,花色的艳丽多彩和丰富多样、花姿变幻莫测,远观之时状如花海,风吹之时花海波涛起

图15 列植的河津樱

图 16　林植的樱花专类园

伏,凋落之时满径花瓣、蔚为壮观,带给人一种强烈的视觉冲击力和震撼人心的力量,同时搭配其他类春季开花植物,如郁金香、二月兰、云南黄馨、连翘等,能更好地吸引游客的眼球和展示闹春的氛围。

5　结语

樱花品种繁多,其景观特征极为明显,不仅为城市园林提供了丰富的植物景观素材,也是春季风景艺术中极为重要的花种之一,在品种收集过程中应根据植物迁地保护、科普教育、景观营建和科学研究的需要,在植物科学和迁地保护原理的指导下,合理地通过园艺技术手段进行种质资源的收集(田旗,2010)。在景观营建方面,更应充分利用樱花固有的品种特性,例如:植株形态、花期、色彩等观赏性状,根据环境特点、功能需求的不同,选择适合的品种资源,进行合理的植物配置,同时兼顾不同营建方式所带来的艺术美,力争做到物尽其用。

参考文献

[1] 张杰.樱花品种资源调查和品种应用[D].南京林业大学,2010:1-14.

[2] 王铖.漫谈我国樱花现状与应用[J].园林,2010,(3).

[3] 廖建华,陈月华,陈焰.植物春季景观特征研究及营建[J].广东农业科学,2011,(3).

[4] 田旗.辰山植物园活植物收集[J].园林,2010,(6).

宁波地区适宜樱花品种筛选研究

赵　绮　刘晓莉　袁冬明　严春风

（浙江省鄞州区林业技术管理服务站，浙江　宁波　315000）

摘要：浙江宁波山区以樱花品种关山为主导花木的单一产业模式，制约着樱花产业的深度发展。本文通过樱花品种在宁波地区的引种栽培试验，力图筛选观赏性好、适应性强的樱花品种。对各品种在宁波市四明山区杖锡山区的发芽、展叶、开花、封顶、落叶等物候期进行观测；选取各品种代表性的32个外部形态性状作为研究对象，采用层次分析法，构建樱花品种观赏性状综合评价体系及相关判断距阵，得出樱花品种观赏性状评价体系指标及层次总排序；并通过对引进品种的生物学和生态学特性观察，结合各品种的园林观赏度、应用的广泛度和品种的新颖度等指标，得出相应的筛选推广等级。研究结果对改变宁波樱花品种单一的现状，丰富樱花观赏植物资源，提高农民收入具有指导意义。

关键词：樱花产业，樱花品种，引种栽培实验，筛选推广等级

　　樱花为蔷薇科（Rosaceae）樱属（*Cerasus*）落叶乔木或灌木，作为一种早春观花花木，品种丰富、花期统一、开花盛期如云似霞，辉煌壮观，在美化环境、丰富和满足人们在早春时节对园林植物鉴赏要求以及普及和推广樱花文化上均具重要意义。但一般整棵樱树从开花到全谢大约10至16天左右，形成边开边落的特点，许多人认为樱花园的观赏期很短。其实樱花品种极其丰富，世界上共有50多个野生樱花基本种，我国占38个之多，不同品种的观赏期和花部、形态性状有差异（刘晓莉等，2012a，刘晓莉等，2012b），但在园林应用中基本以关山为主，品种较单一，观赏期短，难以满足目前的园林工程需要。

　　樱花种植是浙江省宁波山区的主导花木产业，也是山区农民的主要收入来源，但樱花品种以关山为主，单一的樱花品种制约着樱花产业的深度发展。2010年以来，我们陆续从南京中山植物园进行引种栽培。本文通过樱花品种在宁波地区的引种栽培试验，筛选出观赏性好，适应性强的樱花品种，改变目前品种单一的现状，丰富樱花观赏植物资源。

1 材料与方法

1.1 栽植地的基本情况

栽植地地处浙江宁波四明山区杖锡山,是迄今浙江省品种最多的樱花良种繁育园,也是全国樱花系列优良品种的中心产区之一。该区位于北纬29°46′23″、东经121°09′42″,海拔868 m。土壤为黄壤,有机质含量低;年平均累积日照时数2 070 h;全年无霜期238 d。年平均气温16.2℃,历史上有纪录的极端高温为40.8℃(2003年8月1日),极端低温为−8.8℃。年均降水量1 538.8 mm,年均雨日174 d,年均相对湿度82.4%,蒸发量894.4 mm。

1.2 试验材料

在原有关山品种的基础上,从南京中山植物园樱花品种资源圃引进17个樱花品种,共计18个品种,其中重瓣品种12个(编号1~12),单瓣品种6个(编号13~18),如表1所示。

表1 试验的樱花品种名录

编号	品种	学名
1	关山	*Cerasus serrulata* var. *lannesiana* 'Sekiyama'
2	虎尾樱	*Cerasus serrulata* var. *lannesiana* 'Caudata'
3	白菊樱	*Cerasus jamasakura* 'Haguiensis'
4	冈目	*Cerasus sargentii*
5	红叶樱	*Cerasus sargentii* 'Rehder'
6	普贤象	*Cerasus serrulata* var. *lannesiana* 'Albo-rosea'
7	绿樱	*Cerasus incise* 'Yamadei'
8	八重红大岛	*Cerasus serrulata* var. *lannesiana* 'Yaebeni-Oshima'
9	一叶樱	*Cerasus serrulata* var. *lannesiana* 'Hisakura'
10	八重红垂枝	*Cerasus subhirtella* var. *pendula* 'Plena-rosea'
11	松月	*Cerasus serrulata* var. *lannesiana* 'Superba'
12	郁金	*Cerasus serrulata* var. *lannesiana* 'Grandiflora'
13	阳光	*Cerasus yedoensis* × *Cerasus campanulata* 'Yangguang'
14	仙台垂枝	*Cerasus serrulata* var. *lannesiana* 'Sendai-shidare'
15	白玉	*Cerasus serrulata* var. *lannesiana* 'Shiratama'
16	小彼岸	*Cerasus subhirtella* 'Subhirtella'
17	染井吉野	*Cerasus yedoensis* 'Yedoensis'
18	钟花樱	*Cerasus campanulata*

1.3 研究方法

对各品种在杖锡山区的发芽、展叶、开花、封顶、落叶等物候期进行观测；选取各品种代表性的32个外部形态性状作为研究对象,采用层次分析法,构建樱花品种观赏性状综合评价体系及相关判断距阵,得出樱花品种观赏性状评价体系指标及层次总排序；并通过对引进品种的生物学特征和生态学特性的观察,最终结合各品种的园林观赏度、应用的广泛度和品种的新颖度等几项指标,得出相应的筛选推广等级。

2 结果与分析

供试樱花品种基本上均能正常生长、开花,尽管生长条件基本相同,但由于各品种本身的生物学特性制约,其生长发育规律仍表现出一定的差异性。

2.1 开花物候期的比较

物候是生物随着季节的更替所表现的形态、生理等方面的变化。对于以早春观花为主的樱花来说,始花期和花期长短等是重要的观测指标,如表2所示。

表2 18个樱花品种开花物候期观测结果

编号	品种	开花物候期（月／日）						平均持续天数
		2010 年			2011 年			
		始花期	谢花期	持续天数	始花期	谢花期	持续天数	
1	关山	4.11	4.28	18	4.14	5.6	23	21
2	虎尾樱	4.12	4.23	12	4.17	4.28	12	12
3	白菊樱	4.10	4.26	17	4.12	5.2	21	19
4	冈目	4.11	4.25	15	4.15	4.29	15	15
5	红叶樱	4.13	4.27	15	4.16	4.30	15	15
6	普贤象	4.9	4.26	18	4.12	4.29	18	18
7	绿樱	3.30	4.14	15	4.7	4.20	14	15
8	八重红大岛	3.29	4.17	20	4.9	4.28	20	20
9	一叶樱	3.31	4.21	22	4.10	4.24	15	19
10	八重红垂枝	3.31	4.13	14	4.6	4.19	14	14
11	松月	4.11	4.23	13	4.14	4.16	13	13

（续表）

编号	品种	开花物候期（月/日）						平均持续天数
		2010 年			2011 年			
		始花期	谢花期	持续天数	始花期	谢花期	持续天数	
12	郁金	4.9	4.22	13	4.11	4.23	13	13
13	阳光	4.1	4.20	20	4.7	4.24	18	19
14	仙台垂枝	4.2	4.13	12	4.6	4.17	12	12
15	白玉	4.4	4.17	14	4.7	4.20	14	14
16	小彼岸	4.1	4.13	13	4.3	4.15	13	13
17	染井吉野	3.25	4.12	19	4.2	4.18	17	18
18	钟花樱	3.29	4.15	18	4.10	4.23	14	16

综合两年观测结果可知,在供试樱花品种中,单瓣品种染井吉野、钟花樱开花最早,而重瓣品种红叶樱、虎尾樱、冈目和关山开花较晚。各品种花期以关山为最长,八重红大岛次之,虎尾樱、仙台垂枝最短;各品种单株花可持续12~21 d,总花期维持20~35 d。

2.2 花部性状比较

花部性状是樱花的主要的观赏指标,花色、花冠、花径、花瓣大小、花量等性状都直接影响樱花的观赏价值。

表3 18个樱花品种花部性状观测结果

品种	花色	花冠	花径	花瓣		花萼		花梗		中型健壮枝条花量		
				长 cm	宽 cm	颜色	萼筒形状	颜色	长度 cm	花束数	每花束花朵数	总花朵数
关山	深红	水平状	5.5	2.5	2.1	紫红	漏斗状	紫绿	3.9	25	1~4	56
虎尾樱	白色	水平状	3.3	1.4	0.9	红绿	漏斗状	绿色	1.9	6	1~5	17
白菊樱	粉白	水平状	5.4	2.2	2.3	红绿	漏斗状	绿色	3.0	41	1~5	95
冈目	粉红	水平状	4.6	1.9	1.6	红绿	漏斗状	绿色	3.4	9	1~4	21
红叶樱	粉红	水平状	4.7	2.3	2.0	紫红	漏斗状	紫红	2.9	5	2~3	12
普贤象	淡红	水平状	4.9	2.4	2.3	红绿	漏斗状	绿色	4.6	13	1~3	26
绿樱	黄绿	水平状	4.2	2.2	1.6	红绿	漏斗状	紫绿	2.9	5	1~4	12

（续表）

品种	花色	花冠	花径	花瓣 长 cm	花瓣 宽 cm	花萼 颜色	花萼 萼筒形状	花梗 颜色	花梗 长度 cm	中型健壮枝条花量 花束数	中型健壮枝条花量 每花束花朵数	中型健壮枝条花量 总花朵数
八重红大岛	粉白	水平状	3.9	1.8	1.4	红绿	管状	绿色	2.3	12	1~4	37
一叶樱	白色	充分展开	3.5	2.1	1.3	红绿	漏斗状	绿色	2.4	18	1~4	47
八重红垂枝	淡红	浅杯状	3.9	2.1	1.9	紫红	壶形	紫绿	2.6	10	1~4	25
松月	淡红	浅杯状	5	2.2	2.3	紫红	漏斗形	绿色	4	13	1~4	27
郁金	黄绿	水平状	4~4.5	2.1	2.3	红绿	长漏斗	绿色	3.6	12	1~4	29
阳光	白色	水平状	2.8	2.0	1.4	紫红	钟形	绿色	2.0	15	1~5	46
仙台垂枝	白色	浅杯状	3.6	1.5	1.2	紫红	管状	绿色	1.2	4	2~4	11
白玉	白色	浅杯状	4.2	2.5	2.1	红绿	长钟状	绿色	2.6	6	1~3	13
小彼岸	白色	碗状	3.2	1.9	1.6	紫红	壶形	紫绿	2.4	4	1~3	10
染井吉野	白色	水平状	3.1	1.7	1.4	紫红	管状	紫绿	2.4	15	1~4	40
钟花樱	紫红	钟状	2.1	1.3	0.9	紫红	钟形	紫绿	1.9	11	1~3	20

注：表3中数据均为平均值。

从表3可见，各品种花色和花冠均有差异。绿樱、郁金为黄绿色，钟花樱为紫红色，关山为深红色，冈目、红叶樱为粉红色，普贤象、八重红垂枝和松月为淡红色，白菊樱和八重红大岛为粉白色，其余7个品种均为白色。花冠除钟花樱为钟状外，重瓣品种多为水平状，单瓣品种除阳光、染井吉野水平开展，一叶樱充分展开外，其余均为碗状或浅杯状。

由表3可以看出，18个品种关山花朵最大，花径达5.5 cm，白菊樱次之为5.4 cm，钟花樱最小，花径仅为2.1 cm。

各品种花瓣大小有差异，观测品种中以普贤樱花瓣为最大，关山次之，白菊樱和白玉花瓣较大，钟花樱最小。

花梗颜色除红叶樱为紫红色外，关山、绿樱、染井吉野、钟花樱、小彼岸和八重红垂枝为紫绿色，其余品种花梗均为绿色；普贤樱花梗最长达4.6 cm，关山次之为3.9 cm，仙台垂枝最短为1.2 cm；花梗粗度分布在1~2.2 mm之间，对观赏质量影响不大。

花萼颜色和萼筒形状也不同。八重红垂枝和小彼岸萼筒为壶形，阳光樱和钟花樱为钟形，染井吉野、八重红大岛和仙台垂枝为管状，白玉为长钟状，其余品种重瓣品种均为漏斗状，单瓣品种中一叶樱为漏斗状。花萼颜色均为紫红或红绿色。

同等规格植株，各品种中型健壮枝条花量因品种差异有所不同，18个品种中白菊樱花量最大，在园林中可营造满树繁花的景象，关山次之；单瓣品种中东京樱、一叶樱、阳光花量较大，染井吉野次之；小彼岸、仙台垂枝花量较少。

2.3 叶部性状比较

叶部性状的比较如表4所示，18个樱花品种叶形多为宽椭圆形、卵形、卵状椭圆形和长卵形；嫩叶多为红褐色或棕褐色，成叶除红叶樱为紫红色外，其余品种多为绿色；叶基八重红大岛为圆形，染井吉野为心形，关山、普贤象、阳光樱和钟花樱为圆形或楔形，其余品种均为楔形；叶缘除虎尾樱、普贤象、一叶樱、郁金和阳光樱为单锯齿，八重红大岛单重锯齿混生外，其余品种均为重锯齿，先端芒尖、锐尖或者芒刺状；叶尖虎尾樱、白玉、小彼岸、染井吉野和钟花樱为渐尖，冈目、红叶樱、绿樱、一叶樱、八重红垂枝和仙台垂枝为锐尖，其余7个品种均为尾尖；白菊樱每枝条叶量较大，仙台垂枝较小。

表4　18个樱花品种叶部性状观测结果

品种	叶形	叶色	叶基	叶缘	叶尖	每枝条叶量
关山	宽椭圆\卵形	两面绿色	圆\楔形	重锯齿,芒刺状	尾尖	20~31束；3~7片
虎尾樱	长卵形	表紫绿背绿	楔形	单锯齿	渐尖	10~32束；3~7片
白菊樱	卵状椭圆形	两面绿色	楔形	重锯齿先端芒尖	尾尖	18~53束；4~8片
冈目	卵形	两面绿色	楔形	重锯齿,先端芒尖	锐尖	11~31束；2~8片
红叶樱	长倒卵形	两面紫红色	楔形	重锯齿先端芒尖	锐尖	12~27束；4~8片
普贤象	宽椭圆\倒卵状矩圆形	表深绿背绿	圆\楔形	单锯齿,芒刺状	尾尖	20~46束；5~8片
绿樱	卵形	两面绿色	楔形	重锯齿	锐尖	27~54束；3~6片
八重红大岛	宽椭圆形	表深绿背绿	圆形	重\单锯齿混生有刺	尾尖	11~31束；2~8片
一叶樱	宽倒卵\宽椭圆	表深绿背绿	楔形	单锯齿,芒刺状	锐尖	9~30束；2~6片
八重红垂枝	卵形	表绿背紫红	楔形	重锯齿,先端芒状	锐尖	15~25束；3~5片
松月	宽椭圆形\卵形	鲜绿色	楔形	深的重锯齿,芒刺状	尾尖	9~18束；3~7片
郁金	椭圆形\卵形\长倒卵形	红棕色	楔形	单锯齿,芒刺状	尾尖	9~17束；2~6片
阳光	倒卵形	表深绿背淡绿	楔\圆形	单锯齿锐尖齿缘有红腺点	尾尖	9~26束；2~8片
仙台垂枝	长椭圆形	表面棕绿背绿	楔形	重锯齿,先端芒尖	锐尖	4~11束；4~8片

（续表）

品种	叶形	叶色	叶基	叶缘	叶尖	每枝条叶量
白玉	椭圆形	表绿背紫红	楔\心形	重锯齿,先端芒尖	渐尖	6~19束；1~8片
小彼岸	卵形	两面绿色	楔形	重锯齿,先端芒尖	渐尖	11~32束；3~8片
染井吉野	卵状椭圆形	两面绿色	心形	重锯齿,先端芒尖	渐尖	12~73束；2~6片
钟花樱	卵状\倒卵状椭圆形	表绿背淡绿	圆\宽楔形	锐尖极小腺\锯齿	渐尖	17~37束；1~7片

2.4 其他性状比较

对芽、树型和开花习性3个方面的性状也进行了比较（见表5）。各品种叶芽多为长椭圆形,棕绿色或紫红色,长4~17 mm宽1~4 mm,花芽多为椭圆形或卵形,多为红褐色或紫红色,长5~15 mm宽2~8 mm；树型八重红大岛和钟花樱为倒钟形,白菊樱、八重红垂枝为球形,关山、绿樱和染井吉野为宽锥形,其余品种均为伞形。在开花习性方面,钟花樱、八重红垂枝、阳光、染井吉野为先花后叶,冈目、虎尾樱、红叶樱叶较花先展,关山和普贤象叶较花先展,八重红大岛花叶同放或者叶较花先展,其余品种为花叶同放。

表5 18个樱花品种其他性状观测结果

品种	花芽			叶芽			树型	开花习性
	颜色	形状	大小/mm	颜色	形状	大小/mm		
关山	红褐色	椭圆	长8~13 宽4~8	粉红色	长椭圆	长6~17 宽1~4	宽锥形	叶较花先展
虎尾樱	红褐色	长椭圆	长5~10 宽2~4	棕绿色	长椭圆	长4~13 宽1~3	伞形	叶较花先展
白菊樱	棕绿色	圆形	长8~12 宽5~8	棕褐色	长椭圆	长8~17 宽2~4	球形	花叶同放
冈目	红褐色	椭圆	长5~12 宽3~8	棕绿色	长椭圆	长5~12 宽1~3	伞形	叶较花先展
红叶樱	紫红色	长椭圆	长6 宽3	紫红色	长椭圆	长5~12 宽1~3	卵形	叶较花先展
普贤象	棕绿色	椭圆	长6~12 宽5~8	棕绿色	长椭圆	长8~12 宽2~4	伞形	叶较花先展

（续表）

品种	花芽			叶芽			树型	开花习性
	颜色	形状	大小/mm	颜色	形状	大小/mm		
绿樱	红棕色	卵形	长5~10 宽2~5	棕绿色	长椭圆	长5~12 宽2~3	宽锥形	花叶同放
八重红大岛	红褐色	椭圆	长6~10 宽3~5	棕绿色	长椭圆	长7~11 宽2~3	倒钟形	花叶同放/叶较花先展
一叶樱	红褐色	长椭圆	长5~10 宽2~4	棕褐色	长椭圆	长5~12 宽2~3	伞形	花叶同放
八重红垂枝	粉色	椭圆	长5~8 宽3~5	绿色	长椭圆	长6~15 宽2~4	球形	先花后叶或近花叶同放
松月	浅红	倒卵形	长5~6 宽3~5	绿色	椭圆	长6.3~11.7 宽2.3~5.5	伞形	花叶同放
郁金	黄绿色	椭圆	长4~4.5 宽3~5	红棕色	椭圆	长6.3~11.7 宽2.3~5.5	瓶形	花叶同放
阳光	粉红	椭圆	长8 宽5	棕绿色	长椭圆	长5~13 宽2~4	伞形	先花后叶
仙台垂枝	红褐色	椭圆	长5~8 宽2~4	红绿色	长椭圆	长5~13 宽1~3	伞形	花叶同放/叶较花先展
白玉	红褐色	椭圆	长8~10 宽4~5	绿色	长椭圆	长8~13 宽2~4	伞形	花叶同放
小彼岸	紫红色	椭圆	长6 宽3	绿色	长椭圆	长5~12 宽2~3	伞形	花叶同放
染井吉野	红绿色	长椭圆	长8~15 宽1~5	棕绿色	长椭圆	长6~11 宽2~3	宽锥形	先花后叶
钟花樱	褐色	长椭圆	长5~6 宽2~3	绿色	长椭圆	长5~11 宽1~2	倒钟形	先花后叶

2.5 樱花品种观赏性状评价体系层次总排序

采用层次分析法构建樱花品种观赏性状综合评价的层次分析模型和相关判断距阵（见表6），可得到樱花观赏性状评价体系指标及层次总排序（见表7和图1）。

表6　综合评价的层次分析模型

目标层 A	约束层 C	指标层 P	最底层 D
樱花品种观赏性状综合评价	C₁花	P₁花径	待评价的樱花品种 D₁、D₂…Dₙ
		P₂花型	
		P₃花冠	
		P₄花瓣大小	
		P₅花瓣数	
		P₆瓣尖形状	
		P₇花色	
		P₈开花早晚	
		P₉花期长度	
		P₁₀花繁密度	
		P₁₁花梗长度	
		P₁₂花梗颜色	
		P₁₃花萼颜色	
		P₁₄萼筒形状	
	C₂植物习性	P₁₅树型	
		P₁₆开花习性	
		P₁₇生长习性	
	C₃芽	P₁₈嫩芽颜色	
		P₁₉嫩芽的形状	
		P₂₀嫩芽的大小	
	C₄枝干	P₂₁嫩梢颜色	
		P₂₂主干颜色	
		P₂₃侧枝颜色	
	C₅叶	P₂₄叶稠密度	
		P₂₅叶缘	
		P₂₆成叶颜色	
		P₂₇幼叶颜色	
		P₂₈叶片形状	
		P₂₉叶的大小	
		P₃₀叶尖形状	
		P₃₁叶基形状	
	C₆稀有度	P₃₂稀有度	

表7 櫻花品种观赏性状综合评价体系层次总排序

层次 P	C_1	C_2	C_3	C_4	C_5	C_6	层次 P 总排序 W
P_1	0.142 3						0.063 2
P_2	0.121 0						0.0537
P_3	0.083 2						0.036 9
P_4	0.080 9						0.035 9
P_5	0.069 7						0.031 0
P_6	0.026 1						0.011 6
P_7	0.132 6						0.058 9
P_8	0.090 2						0.040 1
P_9	0.092 4						0.041 0
P_{10}	0.086 6						0.038 5
P_{11}	0.025 0						0.011 1
P_{12}	0.015 6						0.006 93
P_{13}	0.016 9						0.007 51
P_{14}	0.017 7						0.007 86
P_{15}		0.614 4					0.130 6
P_{16}		0.268 4					0.057 0
P_{17}		0.117 2					0.024 9
P_{18}			0.558 4				0.014 9
P_{19}			0.121 9				0.003 26
P_{20}			0.319 6				0.008 53
P_{21}				0.249 3			0.019 0
P_{22}				0.593 6			0.045 2
P_{23}				0.157 1			0.011 97
P_{24}					0.226 7		0.032 6
P_{25}					0.036 0		0.005 17
P_{26}					0.260 1		0.037 4
P_{27}					0.159 6		0.022 9
P_{28}					0.138 6		0.019 9
P_{29}					0.113 8		0.016 3
P_{30}					0.032 6		0.004 68
P_{31}					0.032 6		0.004 68
P_{32}						1.000 0	0.096 9

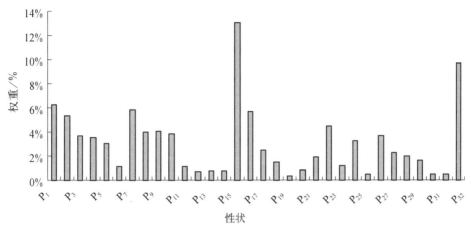

图1　樱花观赏性状综合评价指标排序

从表7和图1可以看出，樱花各性状指标因子总体评价排序：$P_{15} > P_{32} > P_1 > P_7 > P_{16} > P_2 > P_{22} > P_9 > P_8 > P_{10} > P_{26} > P_3 > P_4 > P_{24} > P_5 > P_{17} > P_{27} > P_{28} > P_{21} > P_{29} > P_{18} > P_{23} > P_6 > P_{11} > P_{20} > P_{14} > P_{13} > P_{12} > P_{25} > P_{30} = P_{31} > P_{19}$。树型（$P_{15}$）的权重值0.130 6最大，说明其对樱花品种观赏性状的贡献率最大。稀有度（P_{32}）的权重略次之，为0.096 9，它对樱花品种观赏价值的贡献率仅次于树型（P_{15}），在观赏樱花的园林应用中占据重要地位。花径（P_1）和花色（P_7）的权重分别为0.063 2和0.058 9，它们对樱花品种观赏价值的贡献率排列为第三和第四，其作用也是举足轻重的。花的大小、花色对人们的视觉欣赏有着很大影响，但略低于树型（P_{15}）和稀有度（P_{32}），因为树型反映的是整体观赏效果，而物以稀为贵，稀有的樱花品种应给以较高的权重值和分值。

另外，花型、开花习性、主干、花期长度、开花早晚和花量也有较大的权重，其他因素相对而言对综合评价体系影响较小，只能作为辅助指标。这些结果与实践相比有较大的一致性，说明了该模型对樱花品种评价的适用性及合理性。

2.6　樱花品种观赏性状综合得分及排序

按照指标赋分标准，将所选品种对应的各个指标给予相应分值，将各指标所得分值与其权重值相乘，并将所有指标所得数值相加，最终得出每一品种相应的综合评价值，再按一定标准，划分成若干个等级加以比较，即可比较出各品种之间的优劣（见表8和表9）。

表8　樱花品种评价的等级标准

等级	综合评价值
Ⅰ	＞3.25
Ⅱ	3~3.25
Ⅲ	2.75~3
Ⅳ	2.5~2.75
Ⅴ	＜2.5

表9 18个樱花品种的观赏性状综合评价值及等级

编号	名称	总得分	等级
1	关山	3.239 7	II
2	虎尾樱	2.466 3	V
3	白菊樱	3.512 5	I
4	冈目	2.921 4	III
5	红叶樱	3.106 8	II
6	普贤象	3.020 8	II
7	绿樱	3.460 2	I
8	八重红大岛	2.929 8	III
9	一叶樱	3.108 3	II
10	八重红垂枝	3.384 4	I
11	松月	2.937 6	III
12	郁金	3.131 9	II
13	阳光	2.742 6	IV
14	仙台垂枝	2.704 2	IV
15	白玉	2.869 2	III
16	小彼岸	2.447 6	V
17	染井吉野	2.952 8	III
18	钟花樱	2.891 3	III

2.7 抗性、观赏性及筛选推荐等级

通过对引进品种的生物学特征和生态学特性的观察,特别是在耐涝、耐旱、耐寒、耐阴、耐强光、耐修剪、生长速度等方面的观测、分析、比较,考察引进品种在本地的适应性情况,然后结合该品种的园林观赏度、应用的广泛度和品种的新颖度等几项指标,进行综合评价,最后确定相应的筛选推广等级,结果如表10所示。

表10 引进收集的樱花品种适应性及园林观赏性指标评价一览表

品种名称	品种适应性									筛选推荐等级
	耐涝	耐旱	耐寒	耐阴	耐强光	耐修剪	抗病虫害	生长速度	园林观赏性	
关山	-	⊙	○	-	○	○	▲	⊙	⊙	A
虎尾樱	-	⊙	○	▲	⊙	▲	⊙	▲		C
白菊樱	-	⊙	○	▲	○	⊙	▲	⊙	○	A
冈目	-	⊙	○	▲	○	○	⊙	▲	▲	B
红叶樱	-	⊙	▲	○	○	▲	▲	▲	⊙	B
普贤象	-	⊙	○	○	○	○	▲	▲	▲	A
绿樱	-	▲	⊙	○	○	▲	▲	▲	○	C
八重红大岛	-	⊙	○	○	○	⊙	○	-	▲	B
一叶樱	-	⊙	○	○	○	▲	▲	▲	○	C
八重红枝垂	-	⊙	○	○	○	▲	▲	▲		
松月	-	▲	-	-	○	-	○	※	▲	D
郁金	-	▲	▲	-	⊙	○	○	※	○	D
阳光	-	○	⊙	○	○	○	○	▲	○	C
仙台垂枝	-	○	⊙	○	○	▲	○	○	○	C
白玉	-	○	○	○	○	▲	○	○	▲	B
小彼岸	-	▲	○	○	○	○	⊙	○	▲	
染井吉野	-	○	○	○	○	○	○	▲	▲	A
钟花樱	-	○	○	○	○	○	○	⊙	▲	A

注: ○ 好, ⊙ 较好, ▲ 一般, - 较差, ※ 差。

3 讨论与结论

(1)在栽培地气候条件下,各樱花品种除松月、郁金外均能正常生长、开花,完成其生长史。根据樱花品种观赏性状综合评价层次总排序,得出'白菊樱'、'绿樱'、'八重红垂枝'、'关山'、'红叶樱'、'普贤象'、'一叶樱'、'钟花樱'是绿化应用价值较高的优良品种。

（2）在试验樱花品种中，能很好地适应本地生境条件，生长健壮，长势良好，可以在园林绿化重点推广和应用的有关山、白菊樱、普贤象、钟花樱、染井吉野、冈目、红叶樱、八重红大岛、白玉等9个品种；松月、郁金2个品种不适宜在当地栽培生长，不易推广应用；其他7个品种能适应本地的气候、土壤和环境条件，但园林观赏性一般或虽有较好的观赏价值，但生长缓慢，不易大量繁殖，可以作为一般推广应用品种。

参考文献

[1] 刘晓莉,赵绮,舒美英,蔡建国. 樱类品种观赏性状初步研究[J]. 福建林业科技,2012,39(2): 123-127.

[2] 刘晓莉,赵绮,舒美英,蔡建国. 18个樱花品种花部形态性状初步研究[J]. 江苏农业科学, 2012,40(4):185-187.

无锡樱花引种与应用研究

邬秉左　耿树云

（江苏省无锡市园林局，无锡　214000；无锡园林总公司，无锡　214000）

摘要：本文介绍了江苏省无锡市的樱花种植历史和以樱花为媒介开展的经济文化交流活动，并从花期和形态方面，总结了无锡樱花品种引进和应用成果。

关键词：樱花种植历史；景观营造；樱花引种；樱花文化活动

樱花是蔷薇科樱属落叶乔木或灌木的统称，是早春开花的著名观赏花木，深受人们喜爱。无锡是樱花的自然分布区域之一，宜兴有野生山樱花（Cerasus serrulata）自然分布，并栽种果树樱桃（C. pseudo-cerasus），当地俗称"樱珠"。随着无锡园林的发展，樱花引种应用逐步积累和不断扩大，已经发展成为无锡的知名花卉。

1　樱花种植历史

1.1　发展概况

无锡历史上有种植樱花的记载，明朝嘉庆年间，在锡东有"嘉荫园"，园内专门种植樱桃，现该园已湮灭。近现代，无锡开始引种、栽培、种植樱花，其栽培应用持续不断。

清末和民国初期，无锡的工商业发展迅速，一批工商业主热衷于兴造私家花园，樱花最先在无锡的私家花园引种栽培应用。民国初年，秦氏在所建"㑇园"中专门种植樱花，构建"朱樱山"景点。20世纪10、20年代，梅园主人荣德生在梅园种植黄、绿、紫之双台樱花；周寄嵋主持扩建"锡金公花园"（今"城中公园"）之际，建成公花园廿二景之"草坡落英"、"樱花夕照"两个樱花景点；杨翰西在鼋头渚建横云小筑和涵虚亭于渚上，创办私人的杨氏奕实植果试验场，种植花木，后构建别墅，筑长春桥，在堤上夹种樱花，形成"长春樱花"景点。30年代，鼋头渚太湖别墅、梅园、太湖饭店（原梅园内）、小箕山锦园、蠡园、惠山浜唐氏园等处均有种植樱花，形成很好的景观效果，赏樱蔚然成风。

至1930年，无锡不但应用樱花造园，还在吴塘门辟三十余亩园艺种植园，专门生产樱花苗木，其时樱花苗木已经高5尺以上，其中有日本晚樱类，还有将樱花如同梅桩进行盆栽。

解放后，无锡的樱花引种和应用更加广泛。1956年，无锡市园林部门从庐山引进山櫻花种子育苗,用于绿化建设。同年,锡惠公园建设"百花园",引进福建山樱花进行驯化应用。60、70年代,鼋头渚以及锡惠公园等处的櫻花均形成相当规模的成片种植。80、90年代,以稻香新村、惠河路、梁溪苑为典型,櫻花在城市干道、居民小区的应用颇具规模,形成很有特色的櫻花路和游园景观。1992年春,无锡友好城市日本相模原市出资在金匮桥堍建中日友谊园,作为馈赠的纪念项目,面积0.83 hm^2,1999年扩建至1.3 hm^2,以日式建筑为主,遍种櫻花。

21世纪以来,櫻花在城市绿化中得到更广泛应用。在全市的道路、工业园区、学校、小区、城市公园等各种绿地中,櫻花几乎都有应用。如新区太科园、新加坡工业园等工业园和厂区,日资企业较多,都种植数片櫻花林;在新安街道、芦庄小区等街头小区游园,江南大学、藕塘职教园区等校园内,都有一定的櫻花种植规模;在新体育中心、新区中央公园、新州生态园、长广溪湿地公园、金匮公园、蠡湖景区等开放式公园景区绿地,成片种植櫻花;在古华山路、山水路、青龙山路、青龙山公墓等道路形成了壮观的櫻花景观。至此,櫻花成为无锡应用最广泛的开花树木之一,成为名副其实的无锡名花。

1.2 鼋头渚櫻花园

无锡櫻花在引种应用过程中,以太湖鼋头渚风景区持续时间最长、规模最大,成效最显著,影响最广泛。

1917年,杨翰西在鼋头渚购得60亩山地,辟果植场,建别墅,后建成"长春櫻花"景点,之后櫻花一直成为无锡太湖鼋头渚风景区的重要景点题材。1962年起,园林部门提出鼋头渚公园要加强櫻花管理,自行培育櫻花苗木,在公园园艺完善调整中营造名花(櫻花)的氛围等要求。60年代,鼋头渚长春桥、万浪桥、陈家花园等处的櫻花均已成片种植。到20世纪70年代,鼋头渚长春桥櫻花,二泉桥至长春桥二里长干道两侧的櫻花已有相当规模。长春桥一度成为拍摄赏櫻外景地,成为全国知名赏櫻的景点。

20世纪80年代,无锡园林提出发展特色花卉的园艺工作思路,提出一园一花(或"几花")。随后,以"日本映象记录中心护送櫻花小组"赠送櫻花以及"中日櫻花友谊林"的中日櫻花友谊交流活动,促进了鼋头渚櫻花的种植规模。市园林局把櫻花作为鼋头渚的特色花卉,作为特色花卉的保护和应用地,并进一步加强櫻花的引种、应用与研究。1988年2月底,在鼋头渚鹿顶山南麓的片区建设櫻花友谊林,建成花岗岩友谊亭,并立碑撰文及800 m长的櫻花道,种植櫻花1 500余株,成为国内首个櫻花专类园。

2002年,鼋头渚櫻花林实施改扩工程,建赏櫻楼,整理地形、疏通水系、新开道路,大规模淘汰晚櫻,改植早花品种"染井吉野";同年,又将櫻花成规模扩展到鼋头渚漕湾区域,并在鹿顶山七十二峰山馆上山路、犊山半山坡及景区被火烧林相恢复时均种植櫻花。2008年,无锡公园景区管理中心将犊山村搬迁后,规划为"櫻花谷",目标是将太湖鼋头渚打造成"中国第一赏櫻胜地"、举办"国际櫻花节"、发展櫻花特色旅游及产业等围绕櫻花为主体的战略规划。至2010年,鼋头渚櫻花林几经扩建,打造了20余hm^{2}櫻花专类园,收集众多的櫻花种类,并将櫻花种植布局到全景区。通过櫻花旅游节庆活动的举办,游客蜂拥而至,无锡成为全国知名的赏櫻胜地。

2 以樱花为媒，促进经济文化交流

无锡在广泛应用樱花与打造著名樱花景点的同时，以花为媒，以节为台，开展不同层面的经济文化交流。

20世纪80、90年代，中日两国政府与民间的交流逐步增加，并构建了以樱花为媒介的一系列特色活动。1983年11月中旬，"日本映象记录中心护送樱花小组"牛山纯一社长一行4人访锡，赠送以染井吉野品种为主的樱花600株。1985年，无锡参加日本筑波世博会，由日本"中国温灸疗法普及会"会长板本敬四郎和三重县支部部长谷川清倡议，拟在无锡种樱花以促进日中友好。在日本成立"日中樱花友谊林全国实行委员会"，以中国无锡为首选目的地，逐步把樱花友谊林活动推广到全中国。1988年，以无锡鼋头渚的"中日樱花友谊林"为首发地的中日樱花友谊交流活动，之后日本访华交流团每年都来无锡访问，并将樱花友谊林活动从无锡逐步推广到全国各地，持续时间长、后续范围广，并坚持至今形成惯例。该交流访华团人数众多是其他访华团所无法相比。该活动从发起至今，许多首次参与人虽已作古，但后继之人不断，至今从未间断，影响广泛。

1997年4月，经中国国际科技交流中心的邀请，日本樱花专家宫泽健次先生来无锡指导樱花研究工作。对樱花进行调查和品种确认，并形成关于樱花栽培养护的调查建议。

2003年在"中日樱花友谊林"活动的基础上，举办首届鼋头渚樱花节，以后每年举办一届，成功打造樱花旅游。目前，鼋头渚风景区已成为著名的赏樱胜地，吸引海内外游客慕名而至，每逢花季游人如织。2012年3月，太湖鼋头渚风景区举办首届"国际樱花节"，以樱花为主题的花事活动社会效益与经济效益显著。

以樱花为媒介，无锡与日本政府、企业的经贸与旅游交流活动更是数不胜数。我国改革开放后，无锡迅速成为日资高地，吸引大量日本企业前来投资，大量日本游客来无锡旅游，日本艺术家中山大三郎专门为无锡编了一首流行歌曲《无锡旅情》，由尾行大作唱红全日本。以节为台，打造樱花主题景观、开展樱花旅游节庆活动，发展无锡春季的特色旅游，也创造了春季旅游休闲的好风光。

3 樱花引种驯化与应用

无锡在不断加大樱花种植应用力度过程中，特别是在樱花林建成后，主要存在品种少、观赏期短、树木形态缺乏变化、色彩相对单调、景观变化不够丰富等樱花专类景观营造问题。为了更好地营造樱花专类园和推广应用樱花，20世纪90年代开始，无锡开展了针对性的樱花引种与应用研究（邬秉左等，2004）。

以前鼋头渚栽植的樱花花期主要为早花类和晚花类，从景观应用过程中，特别是专类园的景观营造以及旅游节庆时间拉长的要求，开始有意识地细化引进与选择不同花期的樱花品种。先后从日本、荷兰、四川、云南、湖南、湖北、江西、浙江、安徽、福建、北京、山东、江苏等地引进众多的樱花原生种与园艺品种。

通过引种,目前主要有4个不同花期的樱花品种。

冬春开花类:高盆樱(*Cerasus cerasoides*)、十月樱(*C. subhirtella* 'Autumnalis')、玫红十月樱(*C. subhirtella* 'Autumnalis-rosea')等品种;

早春开花类:以尾叶樱(*C. dielsiana*)、迎春樱(*C. discoidea*)、华中樱(*C. conradinae*)、福建山樱(*C. campanula*)等以及椿寒樱(*C. introrsa* 'Introrsa')、热海早咲(*C. kanzakura* 'Atami-hayazaki')等品种;

早花类:以大叶早樱(*C. subhirtella*)、山樱花(*C. serrulata*)、豆樱(*C. incisa*)、高岭樱(*C. nipponica*)、东京樱花(*C. yedoensis*)等以及阳光(*C.* 'Youkon')等品种;

晚花类:以日本晚樱(*C. lannesiana*)、美国樱桃(*C. serotina*)等种以及关山(*C. lannesiana* 'Sekiyama')、松月(*C. lannesiana* 'Superba')、郁金(*C. lannesiana* 'Ukon')等品种。

从形态上,覆盖了适合行道树的乔木型染井吉野、热海早咲等;小乔木型市原虎尾(*C. jamasakura* 'Ichihara')、白妙(*C. serrulata* 'shirotae')、重瓣甜樱(*C. avium* 'Plena')、福花早樱(*C. subhirtella* 'Fukubana');灌木型的豆樱、高岭樱、垂枝型大叶垂枝早樱(*C. subhirtella* 'pendula')、八重红枝垂(*C. subhirtella* 'Plena-rosea')、吉野枝垂(*C. yedoensis* 'Perpendens')、菊枝垂(*C. serrulata* 'kiku-shidare')、仙台枝垂(*C. sakabai* 'Sakabai')等以及常绿的桂樱4个种类。

在品种引进与应用研究过程中,1985年,由江苏省建委设立专项课题,无锡园林局王锡民等完成无锡樱花品种调查(王锡民等,1986),并在《江苏园林》发表《无锡樱花品种初查报告》,文中记载了无锡的樱花9个原生种,30多个品种,并就中国开展樱花研究和应用进行探讨;2004年2月,《无锡地区樱花类植物的引种及应用研究》的论文获得江苏第二届园艺博览会科技论文一等奖。王贤荣等(2007)对无锡地区的樱花种类及品种进行了科学规范的整理,制定了樱花品种调查规范,编制了品种分类检索表,共记载樱属11个种及变种,计21个品种,并发现了3个新品种,对3个新品种进行了形态描述。

无锡园林部门在进行樱花引种时,更注重景观营造。根据不同的樱花习性和环境,合理利用孤植、丛植、列植、群植等手段,与其他植物及景观要素结合,营造变化绚丽的樱花景观。

在长期的樱花引种、驯化、栽培、应用、养护过程中,无锡不断探索研究樱花的管理技术,积累了丰富的生产实践经验。如播种、扦插、嫁接、高压等繁殖技术、小苗期根癌病有效防治、栽培、养护、园林景观营造与维护、野生种子苗的观赏性选育等技术。

参考文献

[1] 王锡民.无锡樱花品种调查报告[R].无锡市园林局,1986.

[2] 邬秉左,陈金林.无锡地区樱花类植物的引种及应用研究[J].江苏林业科技,2004,31(1):19-22.

[3] 王贤荣,孙美萍,时玉娣,等.无锡樱花种与品种资源分类研究[J].南京林业大学学报(自然科学版),2007,(6):21-24.

福建山樱单株花色多样性调查与开发利用研究

王　铖　尹丽娟

（上海市园林科学研究所，上海　200232）

摘要：本文对福建、上海、江苏三地12处福建山樱花实生单株进行调查，根据花色差异，以英国皇家园艺学会的比色卡为标准，将其分成32个花色，并根据花瓣色相，分为红色系和粉色系。在2006年和2009年，对7株单株花色和花器官的调查中发现，福建山樱花花色稳定，可以作为分类的依据。结合我国原产樱花和国外引进樱花的栽培现状和市场需求，制定了福建山樱花开发策略，提出了生态研究和育种方面的建议。

关键词：福建山樱花；花色差异；生态研究；育种；开发策略

福建山樱花（*Cerasus campanulata*）属蔷薇科樱属，是我国原产的优良樱花种类，分布于福建、台湾、浙江、广东、广西等地区，日本也有分布，以福建、台湾为主要分布区。近年来，随着我国乡土植物开发利用热潮的兴起，福建山樱花的独特观赏价值受到越来越多的关注，对其生态学、形态学、遗传学、栽培学等方面进行了广泛研究。陈璋等以群体为单位，对我国大陆地区福建山樱花野生资源进行了生态学调查，初步掌握了我国大陆地区，特别是福建地区种源分布的情况（陈璋，2007）。吕月良，施季森等（2006）通过对福建、江西、广东三个广布省的原生群落特征调查，发现福建山樱花群落在立木高矮及密集程度上各样地之间存在较大差异，而垂直结构均较简单，以中小乔木和灌木为主。陈璋（2007）将采集的292份福建山樱花分为2个表征群，并得出种群之间在形态上发生了一定程度分化的结论。徐楠（2008）建立了福建山樱花的快繁体系，成苗移栽成活率达到75%以上。但相比于福建山樱花的基础研究，福建山樱花的开发利用还处于较低的水平，相关的应用研究更为缺乏。

本文以福建山樱花的实生单株为对象，在其开花期间，对12个种植地福建山樱花的花多样性进行调查，按花色进行分类，为新品种的杂交选育奠定基础；并针对福建山樱花野生性状突出、种类野生变异丰富、开发利用基本处于原种阶段的实际情况，提出开发利用的策略。

1　调查样地

为了摸清福建山樱花种质资源的差异和分布状况,从2007年开始,对上海、福建、江苏等地12处福建山樱花栽培区进行连续的调查(见表1)。随机选择7株福建山樱花,于2006年和2009年花期时进行花部性状测定。

表1　福建山樱花单株调查点

时间	地点	经度	纬度
2007年3月4日	上海市园林科学研究所	121°26′33.4″	31°09′11.7″
2007年2月26日	上海植物园	121°26′14.1″	31°08′48.7″
2009年2月9日	福州市宦溪镇北峰	119°21′54.7″	26°08′54.0″
2009年2月8日	三明市下洋吊桥江滨南路	117°37′06.8″	26°14′48.3″
2009年2月5日	福州市六一北路	119°18′44.3″	26°05′20.0″
2009年2月4日	福州市闽江公园	119°15′38.6″	26°03′53.4″
2009年2月5日	福州市森林公园	119°16′45.2″	26°10′04.0″
2009年2月4日	福州市连江县丹阳镇	119°30′16.9″	26°19′53.4″
2009年2月8日	三明市尤溪县西滨镇	118°21′21.1″	26°24′429.2″
2009年3月1日	江苏无锡鼋头渚公园	120°13′03.9″	31°31′40.8″
2009年3月2日	江苏南京玄武湖公园	118°47′20.3″	32°04′23.5″
2009年3月2日	南京林业大学树木园	118°48′58″	32°04′48.0″

2　开花调查

2.1　开花习性调查

福建山樱花是樱属植物中花期最早的种类之一,在福建地区花期一般为1月下旬至2月上旬,在上海地区一般为2月中旬至3月上旬,在南京地区一般为3月上旬至3月中旬,相比于日本樱花或大叶早樱提早1个月左右。福建山樱花花色变异比较大,从粉白至深红色,而樱属植物其他种类多为白色或粉色。而另一方面,由于福建山樱花花芽分化和开花较早,容易受到低温冻害,对开花期间的天气要求较高,若遇到不良天气,开花数量和花朵的大小都将受到严重影响,造成开花不稳定。另外,福建山樱花幼树生长快,3年生苗可以长到高4 m、胸径可以达到5 cm,并可当年开花。

2.2　花色分类

利用英国皇家园艺学会的花卉比色卡,对所调查的单株进行花色比对,共统计出单瓣型福建山樱花32种花色(见表2)。其中又可根据花瓣色相分为红色系和粉色系:红色系按照花瓣中红色的偏色情况分成深红类——64A、64B、64C、67A、67B、68A、70B、71B、71D,浅红类——66D、67C、70A、70C、71C、72C、73A,粉色系按照色相的偏色倾向分为粉红类——63C、64D、72D、73B、75B、75C,粉白类——65A、65B、65C、68B、69B、69C、69D、73C、74D、76D。据统计,所调查单株中,深红花色比例最多,为49.25%,其次为粉白色,为22.61%,浅红色和粉红色分别占15.58%和12.56%。由于所调查福建山樱花比例占最多的花色为两个极端花色,初步推测,调控花色的基因可能是不完全显性,深红色和粉白色为原始基因表达色相,中间色相为两者杂交而来。

表2　福建山樱花花色统计

序号	花色	数量	序号	花色	数量	序号	花色	数量
1	63C	1	12	67C	1	23	71D	3
2	64A	5	13	68A	11	24	72C	10
3	64B	12	14	68B	17	25	72D	4
4	64C	5	15	69B	1	26	73A	2
5	64D	1	16	69C	2	27	73B	14
6	65A	7	17	69D	1	28	73C	3
7	65B	8	18	70A	1	29	74D	2
8	65C	2	19	70B	30	30	75B	4
9	66D	2	20	70C	6	31	75C	1
10	67A	3	21	71B	15	32	76D	2
11	67B	14	22	71C	9			

2.3　花器官调查

通过对福建山樱花的形态和生物学调查研究,发现根据花部形态,福建山樱花可以明显分为单瓣型和复瓣型(陈运造,1991;吕月良,陈璋等,2006)。同时,对7株福建山樱花实生单株花部性状2006年和2009年两次观察记录,发现福建山樱花的花色相对稳定,而花器官各部则受环境的影响,具有一定的变化(见表3),总梗长度与花柄长度呈正相关,但变化规律不明显,花瓣大小在两年间变化也无明显规律,推测与花芽形成时气候变化关系较大。

表3 福建山樱花样株主要花部性状

序号	调查时间	花色	总梗 /cm	花柄 /cm	花瓣	
					长 /cm	宽 /cm
1	2006年	71C	1.6	1.97	1.63	1.13
	2009年	71C	1.19	1.58	1.41	1.06
2	2006年	71C	0.43	1.30	1.27	0.83
	2009年	71C	1.46	1.32	1.02	0.75
3	2006年	71B	极短	0.57	1.07	0.87
	2009年	71B	0.6	1.50	1.33	1.12
4	2006年	72C	0.73	1.97	1.33	1.03
	2009年	72C	0.74	2.12	1.06	0.91
5	2006年	72C	0.37	1.30	1.43	0.83
	2009年	72C	0.65	1.74	1.35	0.72
6	2006年	70B	0.77	1.93	1.80	1.63
	2009年	70B	0.53	1.63	1.49	1.38
7	2006年	70B	0.93	1.77	1.53	1.20
	2009年	70B	0.71	1.81	1.32	0.93

3 开发策略

在我国原产的樱属植物中,福建山樱花是研究和开发水平最高的种类,在野生资源分布、种群结构、群体遗传差异、生态适应性、繁殖方法等都积累了较丰富的资料,可以作为我国樱属植物开发利用的范例。因此,开展福建山樱花资源的利用策略研究,具有重要的现实意义。

3.1 种质资源调查与生物学、生态学研究

在我国原产的樱属植物种类中,拥有许多优良的观赏种类,不仅可以直接用于园林绿化,还是优良的育种材料。为了提高开发利用的效率,加快新品种培育的速度,需要加强福建山樱花的种质资源、遗传差异、生物学性状、生态习性的研究。

针对新品种培育的需要,进行单株表型、遗传差异、生态习性的研究,再进一步综合已有研究成果,特别是对种源分布、群体遗传差异、野生种群生境特征、繁殖方法、品种开发利用水平进行全面分析,制定育种目标与利用策略。

3.2　育种目标

针对我国樱属植物种类众多、野生资源丰富,但开发利用水平较低,而各地栽培樱花品种主要来自日本的现实状况,在福建赏樱花的开发中,我们坚持与其他原产种和国外品种并举、取长补短、培育新品种的策略。

3.2.1　早花品种

针对樱花品种中早花种类少的现状,可以利用福建山樱花花期早的特点,与其他观赏性状高的种类杂交,培育早花品种。

3.2.2　红色品种

针对樱花的红色品种少,特别是红色早花品种少的情况,结合福建山樱花中的红色品种与其他樱花的优势,培育新的红色品种。

3.2.3　耐热品种

樱花多为速生树种,老化退化较快,这也是樱花古树难以发现的原因,可以利用福建山樱花耐热性强的优点,培育出耐热性强,适合南方地区或夏季炎热地区栽培的品种。

3.2.4　抗病品种

樱花病害严重是导致樱花早衰的主要原因,特别是根癌病和茎腐病是限制樱花栽培推广的主要病害,可以利用福建山樱花抗病性强的特点,培育抗病樱花品种。

3.3　福建山樱花的育种途径

3.3.1　单株优选

在育种中,充分利用福建山樱花群体内部基因交流较多,变异丰富的特点,进行单株优选,筛选观赏性状高的单株,经无性繁殖,培育新品种。

3.3.2　人工杂交

利用福建山樱花开花早、遗传分离频率高的特点,对花色差异大的单株进行人工杂交,获得广泛变异的杂交种子,从实生苗中筛选符合育种目标的单株,培育新品种。

3.3.3　生物技术

利用生物技术,特别是体细胞融合技术和染色体加倍技术,人为改变福建山樱花的遗传组成,从中筛选出优良的变异单株,培育出新品种。

参考文献

[1] 陈运造. 台湾自然观察图鉴(20)[M]. 台北:度假出版社有限公司,1991.

[2] 陈璋. 福建山樱花野生群落物种数量特征与区系分布研究[J]. 福建林业科技,2007,

34（3）:48-52.

［3］陈璋.福建山樱花形态多样性分化的研究.植物遗传资源学[J].2007,8（4）:411-415.

［4］吕月良,施季森,陈璋,等.福建山樱花群落学特征研究[J].福建林业科技,2006,33（2）:29-33.

［5］吕月良,陈璋,施季森.福建山樱花研究现状开发前景与育种策略[J].南京林业大学学报（自然科学版）,2006,30（1）:115-118.

［6］徐楠.福建山樱花组织培养技术研究[D].福州:福建农林大学,2008.

樱属植物引种繁育研究进展

南程慧　王贤荣　汤庚国　伊贤贵

（南京林业大学森林资源与环境学院，江苏　南京　210037）

摘要：樱属植物为世界名贵的观赏花木及果用植物，遍植世界各地，相关学者已开展了一系列引种繁育的研究。但我国对于丰富的樱属野生资源开发还相对落后，本文从种子繁殖、嫁接、扦插、组织培养等方面，对樱属植物的引种繁育进行综述，以期为国产樱属植物的合理保护及开发利用提供依据。

关键词：樱属植物；种子繁殖；嫁接；扦插；组培

　　樱属植物为世界著名观赏花木，隶属蔷薇科（Rosaceae）李亚科（Prunoideae）。全世界有150余种，广泛分布于北半球的亚、欧、北美洲的温和地带，主要种类分布于我国西部、西南部以及日本和朝鲜。我国现有樱属植物资源近60种或变种（FOC，2003），为世界樱属植物的重要分布中心。

　　近年来，国内以樱花为主题的公园、景区逐渐涌现，但除部分品种直接野外采挖外，科研院所的相关学者、专家也开展了一系列樱属植物的引种繁育工作，为国产樱花的合理保护、可持续利用提供了依据。

1　种子繁殖

　　樱属植物果实成熟期一般在4~8月份，其种子成熟后具有休眠特性，在自然条件下不易发芽（王贤荣，2001）。王艳华等（2005）对大山樱（*Cerasus sargentii*）种子发芽研究，表明大多数樱属植物种子属于深休眠种子，需要针对休眠的类型进行处理，大山樱外种皮机械障碍及种子中存在的发芽抑制物质，是导致其休眠的主要原因。作者通过对迎春樱种子发芽测定、种皮透性试验和低温沙藏种子内源激素测定等发现，迎春樱种子休眠是内果皮及内、外种皮引起的物理休眠和内源激素等萌发抑制物质及促进物质相互控制引起的生理休眠共同作用的结果，属综合休眠（南程慧，2012）。

　　王贤荣（1997）对部分樱属植物种子进行低温处理，发现不同品种在低温处理时间的长短上不一样，沙藏期间所需发芽温度也有所差异，但都在3~7℃范围内。Ching-Te

Chien（2002）进一步研究干藏后播种前打破休眠与干藏前打破休眠之间的差异，结果表明：两种处理的福建山樱花种子发芽率均在70%以上，但在播种前打破休眠可使山樱花种子的平均发芽时间减少，且发芽整齐。Shun-Ying Chen（2007）等证实，福建山樱花经低温层积处理可使种子的总ABA含量下降6~12倍，同时提高胚胎中的GA浓度；通过降低果肉及种皮ABA含量、提高胚胎GA浓度可打破休眠。作者通过去除内果皮、种皮、赤霉素处理、低温沙藏等方法可打破迎春樱种子休眠，促进萌发，去除内果皮及内外种皮的方法，种胚萌发率达100%；0.2 g/L GA₃处理过的迎春樱种子40天时发芽率可达96.7%；低温沙藏80~100 d的迎春樱种子萌发率达15.3%~32.7%（南程慧，2012）。

张义等（2005）研究了赤霉素浸泡与层积时间对山樱花种子萌发的影响，结果表明，1 500 mg·L⁻¹赤霉素浸泡48 h后，层积60 d和层积40 d两种处理可以很好的打破山樱花种子休眠。方妙辉（2006）用ABT（1号）生根粉对钟花樱作浸种处理，通过处理后，其种子的发芽率和成活率都有显著提高。康木水（2007）研究结果表明，福建山樱花在福建4月20日左右胚珠发育成熟，采种期为4月25日左右；将种子冷藏至翌年春播种，发芽率可达96.8%。上述试验结果可知，低温贮藏有利于解除樱花种子休眠，保持种子活性；低温层积前使用植物生长调节物质浸泡处理可缩短层积时间，提高种子的萌发率。

通过迎春樱、山樱花、野生早樱等的播种育苗试验发现，3种樱花种子在含水量介于3%±1%时，采用3~5℃密封干藏的方法进行保存，可保存较长时间。对沙藏100 d后的3种樱花果核进行随机播种试验发现，迎春樱种子存在出苗率低、出苗不整齐的现象，且

图1　穴盘育苗A,选播种子；B,10 d时A处理种苗；C,30 d时A处理种苗；D,60 d时A处理种苗

图2　大田育苗A,山樱花条播实生苗；B,迎春樱条播实生苗

47%的种苗存在生理矮化现象,不利于迎春樱健康种苗的培育,选播法穴盘育苗(见图1)则可克服这种现象,种子出苗率达99.0%、96.5%,其余两种樱花不存在这种现象。低温密封干燥果核干藏至秋季后,3~5℃恒温层积0~30 d＋冬季自然低温变温层积播种的方法(见图2)适合3种樱花的大田育苗(2012,南程慧)。

2　嫁接繁殖

从已有的研究成果来看,樱属植物嫁接繁殖方法容易获得成功,开花、结实均较早。通常以食用樱桃(*C. pseudoceras*)、圆叶樱(*C.mahaleb*)、毛樱桃(*C.tomentosa*)、山樱花(*C.serrulata*)、草原樱(*C.fruticosa*)等作为观赏樱花的砧木(王贤荣等,2001),嫁接方法最常用的为枝接和根接两种(张艳芳,2008)。

观赏樱花嫁接的时间一般选在早春樱花萌芽萌动前后2~3天进行(孙敦琴,1995；张艳芳,2008)。汪雪文(2006)认为,日本樱花在砧木定植后即可在当年3月上旬进行嫁接,亦可在秋季9月上、中旬芽接,但秋季嫁接成效好于春季。陈璋(2007)的研究表明,八重绯寒樱(*C.campanulata* 'Double-flowered')与福建山樱花的嫁接时间以冬季嫁接成活率最高。

徐兆波等(2001)研究发现,中国樱桃砧木与垂枝樱花品种表现为不亲和,嫁接成活率为0,而利用莱阳矮樱桃作为砧木与垂枝樱花品种进行嫁接成活率可达64%。陈璋(2007)选择浙闽樱、福建山樱花和食用樱桃3种近缘植物为砧木,进行八重绯寒樱的嫁接试验,结果表明,福建山樱花＋八重绯寒樱和食用樱桃＋八重绯寒樱的嫁接成活率高,分别达86.3%和83.8%,以食用樱桃为砧木嫁接福建山樱花的嫁接成活率最高,可达84.0%,而以福建山樱花本砧,成活率只为59.0%。朱继军(2010)采用高位嫁接法,研究结果显示,本地樱桃与冬樱花嫁接的亲和力较好,成活率最高。陈璋(2007)还分别研究了不同类型砧木对八重绯寒樱与福建山樱花嫁接成活率和嫁接苗生长的影响,结果均表明,不论是嫁接成活率还是嫁接苗高,袋栽砧木均优于裸根砧木,且大基径级砧木的嫁接成活率高于小基径级砧木。

3 扦插繁殖

樱花属于难生根的木本植物,但可采取一定措施,如保湿并用一定浓度的植物生长调节剂处理,可很好地提高生根率(段晓梅,2002;邹娜等,2007)。

戴国望(1989)认为山樱花扦插时间以5月下旬到6月上旬最好。张国等(1999)的日本樱花扦插对比试验表明,早插(6月)比晚插(7月)的生根率提高了25%。谢利锁(2002)试验证明野生早樱最好的扦插时间为8月上旬。王振师等(2005)和吕月良等(2006)认为福建山樱花枝条扦插以冬末至春季效果最佳,早春效果优于晚春,秋插优于夏插,冬插效果最差。

邹娜等(2007)以河沙为基质进行樱花类植物扦插。段晓梅(2003)的试验表明冬樱花扦插基质以泥炭和素红壤为最佳。王振师等(2005)筛选绯寒樱扦插基质为黄心泥+20%火烧土。吕月良等(2006)研究表明,经IBA处理后的福建山樱花插穗在2份素沙+1份粘性黄土的混合基质中生根率最高。荣冬青等(2008,2009)试验表明,野生早樱嫩枝插穗的最适基质为蛭石+河沙(1∶1)。王振师等(2005)的试验证明,经组织培养幼化后,插穗的生根能力可得到提高。王小蓉等(2000)发现日本晚樱用IBA处理,以1年生树龄的当年生枝基段作插穗为最适宜,无叶插穗在扦插后不能生根,留3/4叶最好。

樱花扦插最常用的调节剂是吲哚乙酸(IAA)、吲哚丁酸(IBA)、生根粉(ABT)及萘乙酸(NAA)等(邹娜等,2007)。王小蓉等(2004)研究表明,IBA处理樱花的插穗可促进对茎、叶的淀粉和可溶性糖的利用,提高酚类物质含量和PPO活力。陆贵巧(1998)用NAA处理樱花插穗。段晓梅(2003)发现冬樱花嫩枝扦插生根率极低,生根促进剂能明显提高其生根率,促进生根的能力IBA>NAA>ABT。吕月良等(2006)研究表明,福建山樱花半木质花枝条扦插生根率也极低,用生根促进剂可大大提高成活率,其中IBA促进生根效果优于ABT。方妙辉(2006)利用GGR10号处理福建山樱花插穗,可以诱导其插穗生根。刘金郎(2007)以IBA浸泡重瓣樱花插穗基部进行实验。荣冬青等(2008,2009)试验证明,不同浓度的NAA、IBA、IAA对野生早樱扦插生根均有影响,其中处理效果为NAA>IBA>IAA;采用生长调节剂组合配比可较好地提高单生长素处理生根率。

除采用固体基质扦插外,微毛樱等易生根种类,可采用水培的方法进行扦插(见图3),作者通过对微毛樱等的水培试验发现,微毛樱在水培状态下,可从皮孔处产生不定根,而非通过茎切面的愈伤组织产生不定根。

综上所述,樱花可采用嫩枝扦插和硬枝扦插的方法进行无性繁殖;除采用固体基质扦插外,可采用水培的方法对某些易生根种类进行水插。樱花的生根类型有两种,即愈伤生根型和皮孔生根型,前者为目前扦插的主要生根类型,后者尚待进一步研究。

图3　微毛樱水培A,清水扦插；B,清水扦插20天

4　组织培养

Boxus（1974）最早开展樱花组织培养,1977年对日本樱花进行了离体培养研究,均获得了丛芽（贺爱利等,2010）。国内自王永清最先报道了樱花组织培养芽外植体建立以来,有关观赏樱花组织培养快速繁殖获得再生植株的报道逐渐增多（邹娜等,2007）。

1）外植体的选择

樱属再生研究中,已经利用的外植体种类有带芽茎段（周志坚等,1994；及华,1998；王光萍等,2002；王守印等,2003；姚连芳等,2004；周丽华等,2004；吕月良等,2006；王贤荣等,2008；荣冬青等,2008a；李艳敏等,2008；何月秋,2010；南程慧等,2010；陈志伟,2011）、芽心（王永清等,1997；黄宇翔等,2006）、种子（闫道良等,2006；南程慧等,2010）、叶片（黄守印等,2002a；王贤荣等,2008）、叶柄（黄守印等,2002a；王贤荣等,2008）、花梗（王文房等,2006）、花托、子房、苞片（和凤美等,2010）及无菌系茎段（孟月娥等,2006）。带芽茎段是目前使用最多的离体快繁外植体,其中以幼嫩的茎尖为佳（见图4）；种胚外植体具有不受季节限制、污染率低等优点,亦为外植体的首选（见图5）。

2）外植体的灭菌

吕月良等（2006）、王贤荣等（2008）、荣冬青等（2008a）、南程慧等（2010）、陈志伟等（2011）将采回的外植体先在流水下冲洗0.5~2 h,后用70%的乙醇浸泡30 s,无菌水冲洗干净,接着用0.1%的升汞浸泡3~15 min（不同樱花种类处理时间有所区别）,无菌水反复冲洗,灭菌效果较理想。黄守印等（2003）、周丽华等（2004）李艳敏等（2008）、荣冬青等（2008b）研究了不同灭菌处理对带芽茎段灭菌效果的影响。

黄守印等（2002）采用1.0%次氯酸对叶片和叶柄进行灭菌。王文房等（2006）、王贤荣等（2008）和凤美等（2010）也都进行了叶片与叶柄灭菌相关实验。闫道良（2005）还对种子作为外植体的灭菌方法进行了实验。

3）培养基

在已知的10种（包括变种及栽培种）观赏类樱花的组织培养研究中,芽诱导、愈伤组

A   B

图4　茎尖培养A,茎尖; B,茎尖培养25 d

A   B

图5　种胚培养A,种子; B,MS＋GA₃100 mg/L中黑暗培养20 d时幼苗

织诱导以及不定芽增殖培养多以MS和经改良过的MS为基本培养基,而生根培养时则以1/2MS或3/4MS培养基为主,全价的MS及1/4MS培养基的生根效果差(闫道良等,2006;邹娜等,2008;陈志伟等,2011;南程慧,2012)。研究者也尝试使用其他的基本培养基,如周丽华等(2004)对绯寒樱的芽增殖培养研究,孟月娥等(2006)比较了MS培养基和ML培养基对日本晚樱试管苗增殖与生根的影响。王永清等(1997)研究发现,启动培养基的MS对樱花芽外植体褐化死亡及水浸状的发生有很大影响。王光萍等(2002)、吕月良等(2006)和黄宇翔等(2006)发现,钟花樱不定芽初代诱导时,改接于1/4MS培养基上后外植体则生长良好。

4）生长调节剂

目前,樱属植物使用最多的细胞分裂素和生长素分别为6-BA和NAA、IBA。邹娜等(2007)认为BA浓度在一定范围,配合不同浓度的NAA或IBA,对不定芽的诱导分化效果比较好。和凤美等(2010)对冬樱花花梗愈伤组织分化,王文房等(2006)在对樱花花柄形成愈伤组织都进行了不同的搭配实验;黄守印等(2002a)对雾灵樱花叶片、叶柄诱导愈伤

图6　丛芽诱导及壮苗增殖A,愈伤苗;B,丛芽

组织分化试验中发现,当细胞分裂素2.0 mg·L^{-1}时,100%的外植体产生愈伤组织。作者在对迎春樱的组培中发现,6-BA具有促进丛芽产生的作用,浓度过高则促进愈伤组织的产生;在丛芽诱导与增殖试验中,可采取前期高浓度6-BA刺激诱导丛芽,后期低浓度增殖生长的方法,进行迎春樱的丛芽诱导与增殖(见图6)。

　　樱花生根诱导所用的生长素多以IBA和NAA为主。黄守印等(2002)与周丽华等(2004)认为,单种生长素IBA诱导生根的效果要明显优于NAA及两种生长素配合。王贤荣等(2008)、荣冬青等(2008)及何月秋等(2010)的研究则认为,使用IBA+NAA组合促进钟花樱或日本樱花试管苗生根效果较好。王光萍等(2002)与闫道良等(2006)发现,使用IBA+NAA组合附加低浓度的细胞分裂素BA,对钟花樱根的诱导率有明显提高·吕月良(2006)的研究结果与王光萍等相反,认为IBA+NAA+BA的组合配比生根效果显著不如IBA+NAA的组合好。另外,徐兆波等(2001)、王光萍等(2002)、闫道良等(2006)及吕月良等(2006)在樱花增殖培养中还添加了GA,不仅有利于丛芽增殖,而且可起到壮苗功效。

　　5）添加剂

　　姚连芳等(2001)在培养基中添加NaH$_2$PO$_4$继代培养日本樱花试管苗,表明NaH$_2$PO$_4$处理对日本樱花试管苗的植株生长高度有明显的促进作用。邹娜等(2008),发现活性炭对福建山樱花试管苗生根起抑制作用。

　　综上所述,樱属植物种子具有休眠特性,需经过激素处理或低温层积处理的方法,解除其休眠,促进种子萌发。生产上可采用低温层积处理后选播的方法,进行穴盘育苗,也可于秋季播种,利用3~5℃恒温层积+冬季自然低温变温层积播种的方法,进行大田育苗,3~5℃恒温层积时间的长短可依据不同种类的差异进行调整,但时间不宜过长。低温层积果核选播法穴盘育苗与冬季随播法高床田间育苗相比,穴盘育苗具有种子利用率高,出苗整齐,不受季节限制,后期容易移栽等优点,但此育苗方法需要大型温室辅助进行;田间高床育苗则具有简单易行,相同生长时间内生长量大,培育成本极低等优点,但存在出苗率低,受季节限制等缺点。因此,可根据培育条件的差异,选择合适的方法进行育种。

在嫁接繁殖时,应根据不同的培育目的,选择合适的嫁接方法,培育垂枝类樱花只能采用枝接的方法。同时,注重砧木的选择,宜选择生长健壮、寿命较长、无不良病害,且与接穗亲和性较好的材料作为砧木,选择合适的嫁接时期。

食用樱桃的规模化生产目前以扦插为主,而观花类樱花则多以嫁接方式。一方面可能在于多数观花类樱花的难生根性;另一面可能在于观花类樱花扦插生根的方法有待深入研究。因此,在樱花扦插时,应注重扦插季节,选择合适的促生根激素及其配比。在扦插方法上,除采用固体基质扦插外,可同时研究水培方法,探讨樱花扦插生根的类型及机理,注重皮孔生根类型的机理及过程,完善樱花类植物的生长发育过程。

组织培养目前在樱花的规模化生产中并不占优势,很少有企业采用此方法进行快速繁殖,一方面在于种子繁殖、嫁接繁殖、扦插繁殖已可满足市场的需求;另一方面也在于组织培养的成本较高,组培方法尚待完善,国产樱花中仅有少数品种进行了组培快繁方面的研究,且组培方法尚不完善,难以规模化推广。因此,应加强国产樱花的研发力度,进一步完善组培方法,降低成本,最终达到规模化生长和推广的目的。

参考文献

[1] Ching Te Chien, Shun Ying Chen, Jeng Chuan Yang. Effect of stratification and drying on the germination and storage of *Prunus campanulata* seeds [J]. Taiwan Journal Forest Science, 2002, 17(4):413-420.

[2] Li C-L, Bartholomew B. Cerasus. In: Wu Z-Y, Raven P H eds. Flora of China [M]. Beijing: Science Press; St. Louis: Missouri Botanical Garden Press. 2003,9:404-420.

[3] Shun Ying Chen, Ching Te Chien, Jeng Der Chuang. Dormancy-break and germination in seeds of *Prunus campanulate*(Rosaceae): role of covering layers and changes in concentration of abscisicacid and gibberellins [J]. Seed Ccience Research, 2007(17):21-32.

[4] 陈璋.台湾优良观赏花木八重绯寒樱嫁接繁育试验研究[J].福建林业科技,2007a,34(4): 27-30.

[5] 陈志伟,王贤荣.微毛樱离体快繁初步研究[J].福建林学院学报,2011,31(4):49-353.

[6] 陈志伟.黄山微毛樱居群数量特征及离体快繁研究[D].南京林业大学,2011.

[7] 戴国望.樱花嫩枝扦插育苗试验初报[J].湖北林业科技,1989,(2):36-37.

[8] 段晓梅.冬樱花居群生态、现代区系地理及繁殖研究[D].西南林学院,2003.

[9] 段晓梅.冬樱花扦插繁殖研究[J].西南林学院学报,2003,23(1):43-45.

[10] 段晓梅.樱花繁殖综述[J].思茅师范高等专科学校学报,2002,18(3):82-85.

[11] 方妙辉.福建山樱花扦插育苗试验[J].福建农业科技,2006,(4):40-41.

[12] 方妙辉.钟花樱桃种子冷处理及生根剂浸种试验[J].福建果树,2006,(3):52-53.

[13] 何月秋,王志龙,池树友.日本樱花茎段再生体系的建立[J].四川林业科技,2010,31(4): 64-67.

[14] 贺爱利,刘艳杰,黄海帆,等.樱花组织培养研究进展[J].河南农业,2010,7:53-54.

[15] 黄守印,池井存,苏淑欣,等.雾灵山地区野生樱花的组织培养与快速繁殖[J].植物生理学通讯,2003,39(3):228.

[16] 黄守印,池井存,苏淑欣,等.雾灵山野生樱花试管苗生根的初步研究[J].承德民族职业技术

学院学报,2002b,(3):56-57.

［17］黄守印,池井存,苏淑欣,等.雾灵樱花体细胞愈伤组织诱导与分化的研究[J].承德民族职业技术学院学报,2002a,(1):52-54.

［18］黄宇翔,刘金燕,卓小丽,等.福建山樱花组培快繁研究[J].中国农学通报,2006,22(8):162-164.

［19］及华.樱花的离体快速繁殖[J].植物生理学通讯,1998,34(4):26.

［20］康木水.福建山樱花种子发育观察与育苗技术研究[J].福建林业科技,2007,34(3):19-22.

［21］李艳敏,孟月娥,赵秀山,等.'红叶樱花'的组织培养和快速繁殖[J].植物生理学通讯,2008,44(6):1163-1164.

［22］刘金郎.重瓣樱花硬枝扦插育苗技术[J].林业实用技术,2007,(3):40.

［23］陆贵巧,林青,贾旭光,等.樱花嫩枝扦插生根试验[J].经济林研究,1998,16(3):35-36.

［24］吕月良,陈璋,施季森,等.福建山樱花不定芽诱导和植株再生规模化繁殖试验[J].南京林业大学学报(自然科学版),2006,30(3):105-108.

［25］吕月良,陈璋,施季森,等.福建山樱花扦插繁殖及其影响因子研究[J].福建林业科技,2006,33(2):1-6.

［26］吕月良,陈璋,施季森.福建山樱花研究现状[J].南京林业大学学报,2006:1-39.

［27］孟月娥,李艳敏,赵秀山,等.日本晚樱组培快繁技术研究[J].中国农学通报,2006,22(10):264-266.

［28］南程慧,王贤荣,汤庚国,等.迎春樱组培无菌外植体获得方法初探[J].湖北民族学院学报(自然科学版),2010,28(3):251-255.

［29］南程慧.迎春樱居群变异与分枝生物学研究[D].南京林业大学,2012.

［30］荣冬青,樊英鑫,王贤荣.野生早樱嫩枝扦插繁殖技术的研究[J].河北北方学院学报(自然科学版),2009,25(4):33-38.

［31］荣冬青,王贤荣.垂枝早樱'红枝垂'组培快繁试验[J].林业科技开发,2008,22(5):72-75.

［32］荣冬青.野生早樱组织培养及扦插繁殖技术研究[D].南京林业大学,2008.

［33］孙敦琴.嫁接樱花技巧[J].中国花卉盆景,1995,(2):13.

［34］汪雪文.嫁接培育日本樱花大苗技术[J].安徽林业科技,2006,(3):29-30.

［35］王光萍,黄敏仁.福建山樱花的组织培养及植株再生[J].南京林业大学学报(自然科学版),2002,26(2):73-75.

［36］王文房,李修岭.樱花花柄的组织培养[J].安徽农业科学,2006,34(22):5839-5841.

［37］王贤荣,荣冬青.钟花樱组织培养中多因子正交试验研究[J].安徽农业大学学报,2008,35(2):169-173.

［38］王贤荣.国产樱属分类学研究[D].南京林业大学,1997.

［39］王小蓉,熊庆娥,曾伟光.mIBA、树龄、枝段对日本晚樱绿枝扦插生根的影响[J].四川农业大学学报,2000,18(3):246-248.

［40］王小蓉,曾伟光,熊庆饿.IBA促进日本晚樱绿枝扦插生根机制研究[J].西南农业大学学报(自然科学版),2004,26(5):597-600.

［41］王艳华,高述民,李凤兰,等.大山樱种子休眠机理的探讨[J].种子,2005,(24)5:12-16.

［42］王永清,汤浩茹,邓群仙,等.樱花离体培养芽外植体的建立[J].四川农业大学报,1997,15(3):

341-344.

[43] 王振师,周丽华,曾雷.绯寒樱的扦插繁殖[J].中南林学院学报,2005,25(3):82-84.

[44] 谢利锁.野生早樱嫩枝扦插繁殖技术研究[J].林业科技开发,2002,16(2):20-22.

[45] 徐兆波,陈秀云,郭绍霞,等.垂枝樱花引种观察与繁育技术研究[J].莱阳农学院学报,2001,18(1):32-36.

[46] 闫道良,王贤荣,钦佩,等.钟花樱组织培养再生体系的建立[J].林业科技开发,2006,20(3):21-24.

[47] 闫道良.钟花樱居群特征与繁殖技术研究[D].南京林业大学,2005.

[48] 姚连芳,张建伟,冷天波,等.樱花组培快繁生产技术[J].林业实用技术,2004,(3):27.

[49] 姚连芳,张建伟,杨立峰,等.NaH$_2$PO$_4$及NAA对樱花试管苗壮苗培养的影响[J].河南职技师院学报,2001,29(2):19-20.

[50] 张国,赵玉,李金.樱花全光雾插试验初报[J].河北林业科技,1999,4:14-15.

[51] 张艳芳.樱花嫁接繁殖[J].中国花卉园艺,2008,(8):30-32.

[52] 张义,王剑峰.赤霉素浸泡与层积时间对山樱种子萌发的影响[J].长江大学学报(自然科学版),005,2(8):26-27.

[53] 周丽华,王振师,许冲勇,等.绯寒樱的组织培养快繁研究[J].广东林业科技,2004,20(4):1-4.

[54] 周志坚,翟应昌,周丽华,等.大岛樱的组织培养与繁殖[J].广东林业科技,1994,(1):1-6.

[55] 朱继军.冬樱花引种及嫁接繁育初报[J].现代园林,2010,(6):39-41.

[56] 邹娜,曹光球,林思祖.观赏樱花繁殖技术研究进展[J].西南林学院学报,2007,27(6):42-46.

樱花的嫁接繁殖技术研究

蒋细旺

（江汉大学生命科学学院，武汉　430056）

摘要：采用4种嫁接繁殖方法研究了樱花（*Cerasus serrulata*）和日本晚樱（*C. lannesiana*）的嫁接繁殖技术。结果表明，4种嫁接法均适合樱花的繁殖，其中T形芽接法的最适宜时期是5月和10月，切接法的最适宜时期是6、9、10月，且取顶端枝条（不含顶芽）作为接穗；劈接法的最适宜时期是5、10月；生长季绿枝劈接法（绿枝劈接法）的最适宜时期是5月。4种嫁接方法中，均以8月的嫁接成活率最低。还提出了提高嫁接成活率的措施。

关键词：樱花；嫁接；成活率

樱花树姿洒脱开展，花枝繁茂，春季花开满树，花大艳丽，盛开时如玉树琼花，甚是壮观，是良好的春花类园林观赏植物。樱花园林用途广泛，种植在建筑物前、草地旁、山坡上水池边，孤植、群植也很适宜。夏季樱花树枝叶繁茂，绿荫如盖，可作为行道树；冬季落叶，可以提高交通视线的通畅性；春季满树繁花，观赏性极佳（刘晓莉等，2012）。目前，在武汉东湖磨山建有我国品种最多的樱花园，占地面积150亩，品种多达80余个，与日本青森县的弘前樱花园，美国首都华盛顿樱花园并称为世界三大樱花之都。

我国栽培樱花历史悠久，远在秦汉时期，这些植物就已栽植于宫廷之中，但我国古代至现代都存在只重视食用樱桃的培育而对观赏樱花不注意开发利用。我国拥有丰富的野生樱花资源，充分发掘利用中国樱花资源，具有广阔的应用前景。目前独具特色的武汉专类"樱园"已在武汉东湖磨山建立，同时武汉大学的樱花也蜚声海内外，每当盛花之时，游人如织，形成了独特的"樱花文化"，并催生了"樱花经济"。

随着樱花在园林绿化中的广泛应用，生产上需要大量的樱花苗，但在樱花种苗的繁殖方面尚存在许多问题：一是繁殖速度较慢，导致樱花种苗供不应求；二是种苗生长发育较慢，达到预期的绿化美化效果需要的时间长，难以在短期内形成景观；三是种苗质量差异大，价格混乱，存活率偏低，观赏价值差，资源大量浪费。虽然生产中樱花最主要的方法有扦插法、嫁接法、组织培养法等，但扦插法由于根系（尤其是主根）发育受损，导致樱花长成大树后易倒伏，且寿命缩短；组织培养法虽然能在较短时间内提高繁殖系数，但种苗炼苗、驯化较慢，种苗成活率低；嫁接法既能保持接穗品种的优良性状，又能利用砧木的有利特性,成苗快,苗木寿命长,质量高,并增强抗寒性、抗旱性、抗病虫害能力,是樱花繁殖最重要的方法,但技术难度较大(陈璋,2007;杨明艳,2012)。

因此,结合樱花的生长发育特点和目前生产中存在的繁殖问题,本文以嫁接法为研究方向,探讨樱花嫁接繁殖的技术难题。

1 材料和方法

1.1 材料

根据武汉市多年引种和种植的情况,确定以在武汉地区生长状态良好的山樱花(*Cerasus serrulata* Lindl)和日本晚樱(*C. lannesiana* 'Wils')为繁殖试验对象。山樱花又名青肤樱、山樱桃,花叶同放,色淡红或白色,是武汉大学樱花的主要品种。而日本晚樱(*C. lannesiana* 'Wils')的花重瓣,有香气,叶缘齿端有长芒,是武汉东湖磨山"樱园"的主栽重瓣类型,典型品种是'关山'(*P.lannesiana* 'cv Sekiyama')。试验时间是2011年2月至2012年12月。试验地点在江汉大学花圃内。

1.2 方法

1.2.1 砧木准备

在进行嫁接前的1~2年,大量播种繁殖山杏(*Cerasus armeniaca* L.)实生苗,获得大量生长一致、稳定的砧木材料。山杏种子由沈阳农业大学提供。

1.2.2 嫁接时期

通过观察樱花在武汉地区的物候期,2月底~3月中是樱花的主要花期,选择在4、5、6、7、8、9、10、11月进行嫁接试验,每个时间段每个品种均嫁接50株,重复3次,通过观察樱花的嫁接成活率,选择最适宜的樱花嫁接时间。

1.2.3 嫁接方法

参照鲁涤非(鲁涤非,2003)的方法,并适当修改,进行T形芽接法、切接法、劈接法、生长季绿枝劈接法。

在适宜的季节,选用当年生枝条上的休眠芽或接近成熟与成熟枝上的非休眠芽,进行T形芽接法。具体操作为:用长势旺、稍萌动的腋芽连皮剥下作接芽,砧木切一个"T"字形接口,宽1 cm,长1.5 cm,把接芽嵌入接口内,用塑料带绑紧。

采用当年生木质化的枝条作为接穗,进行切接法(接穗不带叶)。具体操作为:将砧木在离地一定高度处短截后,自一侧的形成层处从上向下纵切2~4 cm的切口,使木质部、形成层、韧皮部均露出;接穗的一侧削成同样等长的斜面,另一侧削成短斜面;将接穗长面一侧的形成层对准砧木一侧的形成层,然后用塑料带扎实。

采用2~3年生木质化的枝条作为接穗,进行劈接法(接穗不带叶)。具体操作为:砧木去顶,过中心或偏一侧劈开一个长3~5 cm的切口。接穗长约5~8 cm,将基部两侧略带木质部削成长约2~4 cm长的等楔形斜面。将接穗外侧的形成层与砧木一侧的形成层相对插入砧木中,然后用塑料带扎实。

采用当年生半木质化的枝条作为接穗,在生长季节进行绿枝劈接法(接穗带1/3的叶片)。具体操作为:选1~2年的山杏播种苗为砧木,距地面6~8 cm处短截,采用劈接法,嫁接饱满的当年生半木质化接穗,用塑料带绑紧。

用上述4种方法对樱花进行嫁接繁殖,每种方法每个材料均嫁接50株,重复3次,选择最适宜的樱花嫁接方法。

1.2.4 不同的接穗取材部位

为了探讨樱花嫁接过程中接穗的选择部位,以切接法为例,分别取枝条顶端含1~3个芽(不含顶芽)的枝条,称顶端枝条;枝条下端(基部)含1~3个芽的枝条,称下端枝条;中间含1~3个芽的枝条,称中端枝条。研究接穗的最佳选取部位,提高嫁接成活率。

2 结果和分析

2.1 不同嫁接时期对嫁接成活率的影响

2011年至2012年连续2年的研究表明,4种嫁接法均适合樱花的繁殖,但采用不同的嫁接方法,其适宜的嫁接时期不同,见表1。由表1可看出,T形芽接法的最适宜时期是5月和10月,其次是4月和9月。由于切接法是采用当年生木质化的枝条作为接穗进行嫁接,而4、5月份的新生枝难以木质化,故不考虑;切接法的最适宜时期是6、9、10月,其次是7、11月。劈接法的最适宜时期是5、10月,其次是4、6月。生长季绿枝劈接法(绿枝劈接法)的最适宜时期是5月,其次是6、10月。

4种樱花的嫁接方法中,均以8月的嫁接成活率最低。可见,在8月不适宜进行樱花的嫁接繁殖。具体情况见表1。

表1 樱花的不同嫁接时期对嫁接成活率的影响

月份	成活率 /%							
	T形芽接法		切接法		劈接法		绿枝劈接法	
	樱花	日本晚樱	樱花	日本晚樱	樱花	日本晚樱	樱花	日本晚樱
4	68.5 ± 3.7b	70.5 ± 4.9b			48.7 ± 3.7b	55.5 ± 3.6b	43.7 ± 4.3bc	44.0 ± 4.2bc
5	84.6 ± 4.6a	87.6 ± 5.7a			85.6 ± 6.2a	82.8 ± 5.9a	90.5 ± 7.7a	86.4 ± 5.9a
6	46.2 ± 2.6c	52.5 ± 2.5c	90.1 ± 7.8a	89.8 ± 5.2a	54.3 ± 4.6b	60.5 ± 5.7b	56.3 ± 3.4b	59.4 ± 5.1b
7	17.6 ± 1.4d	19.6 ± 1.7d	47.5 ± 3.6b	44.8 ± 2.9b	26.4 ± 2.6c	25.6 ± 1.6c	22.4 ± 1.6c	22.8 ± 1.6c

（续表）

月份	成活率 /%							
	T形芽接法		切接法		劈接法		绿枝劈接法	
	樱花	日本晚樱	樱花	日本晚樱	樱花	日本晚樱	樱花	日本晚樱
8	6.4 ± 0.5e	7.4 ± 0.7e	9.6 ± 0.8c	10.8 ± 0.9c	10.1 ± 0.6d	11.9 ± 0.9d	11.8 ± 0.3d	9.4 ± 0.6d
9	65.3 ± 3.9b	69.7 ± 4.5b	85.4 ± 6.4a	88.5 ± 4.5a	35.2 ± 2.6c	33.5 ± 2.3c	28.6 ± 1.9c	27.8 ± 1.8c
10	85.9 ± 5.9a	88.4 ± 6.2a	86.4 ± 6.9a	82.7 ± 4.7a	82.8 ± 4.9a	79.2 ± 5.8a	58.6 ± 4.2b	48.9 ± 3.8b
11	40.3 ± 3.2c	48.5 ± 3.3c	39.4 ± 2.8b	37.3 ± 2.3b	24.8 ± 2.1c	24.9 ± 1.9c	8.5 ± 0.4d	8.49 ± 0.6d

注：表中数据为平均值 ± 标准误；同一栏中不同英文字母表示数据间差异显著性（$P=0.01$）。

2.2 不同嫁接方法对嫁接成活率的影响

由表2可见，4种嫁接方法只要是在适宜的时间，对2种樱花的嫁接成活率均较高，其中以切接法和生长季绿枝劈接法（绿枝劈接法）较好，其原因是樱花芽较小，生长量较小，容易死亡，且操作不易。而当年生木质化的枝条和当年生半木质化的枝条发育程度高，激素含量能保证细胞具有旺盛的分裂能力，故嫁接易成活。

表2 樱花的不同嫁接方法对嫁接成活率的影响

嫁接方法	成活率 /%	
	樱花	日本晚樱
T形芽接法	85.9 ± 5.9b	88.4 ± 6.2a
切接法	90.1 ± 7.8a	89.8 ± 5.2a
劈接法	85.6 ± 6.2b	82.8 ± 5.9b
绿枝劈接法	90.5 ± 7.7a	86.4 ± 5.9ab

注：表中数据为平均值 ± 标准误；同一栏中不同英文字母表示数据间差异显著（$P=0.05$）。

2.3 嫁接的接穗部位选择

在切接法中，分别选取了3个不同部位的枝条作为接穗，发现枝条着生的部位与嫁接成活率有一定关系，见表3。以枝条作为接穗时，枝条的位置与嫁接成活率有一定关系，其中顶端枝条作接穗嫁接成活率最高，下端枝条作接穗嫁接成活率最低，原因是顶端枝条的激素较高，有利于愈合生长、分化和成苗。

表3 樱花不同部位的芽接穗对嫁接成活率的影响

嫁接方法	成活率/%	
	樱花	日本晚樱
顶端枝条	90.1 ± 7.8a	89.8 ± 5.2a
中间枝条	71.4 ± 5.9b	69.5 ± 5.1b
下端枝条	42.4 ± 3.3c	35.6 ± 2.4c

注：表中数据为平均值 ± 标准误；同一栏中不同英文字母表示数据间差异显著（P=0.05）。

3 提高嫁接成活率的措施

3.1 熟练操作技法

樱花用于做接穗的枝条或芽均较小,在操作中难度较大,必须多次练习,精心操作,动作快速,干净利落,才能达到预期的目的。

3.2 正确选择嫁接时间和嫁接方法

不同的嫁接方法要求适宜的嫁接时期。应根据对嫁接方法掌握的熟练程度,在适宜的时期内,选择相应嫁接方法,并选择植株适当部位的接穗,才能保证嫁接成活率。

3.3 接穗的养护保存

接穗应随剪随嫁接。但从远地采集接穗时,应把枝条剪成长15 cm左右,每30枝捆成一束,用湿毛巾(湿草纸)包裹,放入无盖透气的瓦楞箱中,置于荫凉处运输。运达目的地后,将接穗插入装有清水的开口容器中,放在阴凉的处,使其充分吸水。以后每天换清水一次,可保存3~5天。

3.4 缩短伤口愈合时间

嫁接愈合周期的长短与成活率密切相关。在嫁接前的3~4周,对用作砧木的植株加强水肥管理,保证砧木和接穗旺盛的生命力,防止茎干、皮部老化。另外,缚扎薄膜宜松不宜紧,以利伤口愈合,愈伤组织增生,提高成活率。

致谢：江汉大学2005级~2008级园艺专业的部分学生参与了本文的部分工作,在此表示感谢。

参考文献

［1］ 刘晓莉,赵绮,舒美英,蔡建国. 樱类品种观赏性状初步研究[J]. 福建林业科技,2012,39(2)：123-127.

［2］ 陈璋. 影响福建山樱花嫁接成活率的若干因素. 福建农林大学学报(自然科学版)[J].2007,36(6)：581-484.

［3］ 杨明艳,李兴明,杨发军,等. 冬樱花嫁接繁殖试验[J]. 农业研究与应用,2012,2：17-19.

［4］ 鲁涤飞. 花卉学[M]. 北京：中国农业出版社,2003:65-70.

染井吉野樱花嫁接繁殖技术研究

赵　绮　　徐永刚

（浙江省鄞州区林业技术管理服务站，浙江　宁波　315000）

摘要：染井吉野（*Cerasus yedoensis* 'Yedoensis'）是樱花的一个园艺品种，在我国应用广泛，发展前景广阔，但目前种苗匮乏、供不应求。本文对染井吉野的嫁接繁殖技术进行研究，详细介绍嫁接的方法、步骤和嫁接后的管护要点，为染井吉野的嫁接繁殖提供参考。

关键词：嫁接繁殖；嫁接步骤；扦插；补接；染井吉野

染井吉野（*Cerasus yedoensis* 'Yedoensis'）又称吉野樱、东京樱花、日本樱花，是樱花的一个园艺品种，分布在日本以及我国北京、南昌、西安、青岛、南京等地。染井吉野为单瓣花，花瓣5枚，4~5朵花形成总状花序，萼片及花梗上有毛，萼筒上部较细，花蕾粉红色，花朵刚绽放时呈淡红色，完全开放时逐渐转白，浙江省宁波地区花期在3月下旬至4月上旬，先花后叶，开花时繁花满树，妩媚多姿，蔚为壮观。树形高大，可达10~15 m。染井吉野为阳性树种，在光照充足、酸性土壤环境中生长良好，对高温和低温适应性较强，它既适用于庭园绿化美化，又可充当行道树使用，片植观赏效果更佳。

目前，福建、广东、广西、江西、浙江、江苏、上海等地都已将染井吉野樱花列为重点推广树种，发展前景广阔。但由于种苗匮乏，市场供不应求，亟待提高繁殖和培育能力（吴思政等，2012）。因此，自2010年开始，我们开展了染井吉野嫁接繁殖技术的研究。

1　砧木品种选择

最好选用草樱的实生苗作砧木。12月中旬至1月下旬，从生长旺盛的草樱母树上，选取已基本木质化的当年生枝条，由下而上剪成长度为8~10 cm的小段做砧木。

2 嫁接

2.1 嫁接方法

采用无根砧木切接法,其优点是操作技术简单实用。可以在地径较细的砧木上嫁接,提高砧木利用率;嫁接时间长,可推迟到3月底,且可反复补接,有效提高嫁接成活率,经济效益显著。

2.2 嫁接步骤

2.2.1 嫁接材料的准备

接穗采用充分木质化的当年生健壮新梢,要求芽发育饱满,无病虫害;嫁接专用刀具1把,要有一个平面;绑缚物宜采用拉力好、弹性强的有机塑料薄膜,截成长30 cm、宽1.5~2.0 cm的长条,以备用。

2.2.2 削砧木

嫁接前用准备好截取的砧木(8~10 cm),并从砧木顶端斜削剪口部位,稍带木质部(0.5~0.7 mm),向下纵切一刀,其深度是见木不伤木,削面长度为2 cm左右,削面要光滑平整不起毛。

2.2.3 安放接穗

带有1个芽的接穗两端都削成斜面,接穗长度为2.5~3 cm,削接穗时,要选用与砧木直径相同或偏小的接穗,先在芽上方0.5 cm处剪断穗枝,再从芽正面,向下2 cm左右处,削50°的短削面,然后在芽背面离芽0.5 cm处,削成长削面,其深度是见木不伤木,长度较砧木削面约长。

然后,把削好的接穗基端斜面向外插入砧木切口中,插入砧木切口底部紧贴,注意对齐砧木皮层(形成层)。

2.2.4 绑缚薄膜

接穗放好后,立即用塑料薄膜带露芽绑缚,由下而上绑严削面及穗芽枝条的顶端,捆绑要心细手稳,嫁接后要统一整齐地藏入土里,待开春后扦插种植。

3 嫁接后扦插

3.1 插床的选择和整理

插床选用园土+泥炭+细沙(体积比3∶1∶1)为基质,底施农家肥22.5~30.0 t/hm²,优质硫酸钾型复合肥60 kg/亩。插床高30~40 cm左右,扦插前深耕后耙平耙细,做成宽1.3 m的畦,育苗地的准备以冬耕为好,基肥应充分溶解和腐蚀以免伤及砧木的愈伤组织。

3.2 扦插

扦插前插床浇透水,压实,用500倍多菌灵溶液对扦插床消毒,用塑料黑薄膜覆盖,并用竹片固定,并保持土壤湿度。扦插株行距约为15 cm×25 cm,深度为8~10 cm。用扦插模具在苗床上插扦插洞,以免黑薄膜包裹砧木底部,不宜发根。扦插完成后,应注意樱花的萌芽状况,扦插后1个月内,每1至2周用甲基托布津800倍液消毒1次。

4 补接

嫁接30 d后,检查接穗成活情况,进行补接,在3月还可以再次补接。通过补接,成活率可达95%以上。

5 管护

日本樱花不耐涝,宜浅栽、踏实,栽植时注意露出嫁接口。到4月中旬樱花苗木普遍长到30 cm以上,要进行一次抹芽,摘取接穗下部长出的假芽和过多的真芽,同时清除沟内除草。5月中下旬樱花根系开始萌发后,对养分的需求也日益增大,每亩追施复合肥80 kg左右,并摘除樱花侧芽,确保养分的集中供应。6月中旬再追肥一次,并做好病虫害防治和摘除侧芽工作。正常养护下,7月底早樱品种苗高170 cm以上,晚樱花苗高为150 cm左右。伏季,要做好樱花正常管理,到11月份当年生优质樱花苗就可以出售了。

参考文献

吴思政,聂东伶,柏文富. 染井吉野樱花扦插繁殖技术研究[J].湖南林业科技,2012,(6):13-16.

福建山樱花种子变温层积催芽技术的探讨

王　珉

（福建农林大学，福州　350002）

摘要：福建山樱花是优良的乡土树种，因其种果易为鸟食，难以采收不易萌发，故野生资源日趋稀少。本文通过对福建山樱花种子变温层积催芽试验，研究变温层积对福建山樱花种子发芽的影响。试验结果表明，通过4~20℃的变温处理，层积45 d后，种子发芽率高达93%，催芽效果最为理想，本研究结果可为福建山樱花的苗木繁殖提供参考。

关键词：变温层积催芽；变温温差；层积温度；层积时间；苗木繁殖

福建山樱花（*Cerasus campanulata*）属蔷薇科樱属植物，以福建、台湾、广东、江西等省区为分布中心；冬末春初开花，先花后叶，花呈下垂性开展，形如伞房花序状，盛花之时，花朵繁密，艳丽夺目（王贤荣等，2001；吕月良等，2006）。

与其他樱花品种相比，福建山樱花具有自身的特点和优势（吕月良等，2006）。多数樱花品种开花繁茂需要经过春化作用，促进花芽分化，春季进入盛花期；而福建山樱花可以在纬度较低的地区以及温度较高的生境开花，并能达到繁花、盛花的效果。福建山樱花花色丰富、由浅到深，用色卡比对，目前已发现20多个品系。由于自然变异的缘故，福建山樱花的花形差异很大，不同品系花序的花朵2~6朵不等，开口直径1~3 cm，钟状萼筒长4~9 mm。不同品系的福建山樱花，花期相差也很大。在福州地区，福建山樱花可从1月中旬持续开花至3月中旬。

福建山樱花丰富的品系为品种选育提供良好的种质资源（吕月良等，2006）。特别是，福建山樱花花期恰逢我国传统节日春节和元宵，对营造节日氛围、拓展旅游经济具有积极意义。福建山樱花还具有很强的抗逆性，城市废气污染及热岛效应对其生长和开花影响甚微。

本文通过对福建山樱花种子层积催芽的研究，为福建山樱花苗木生产和选育提供参考。

1 材料与方法

1.1 试验地点

试验点位于福州市连江县丹阳镇裕民现代农业综合试验场,在福州市东北部,北纬26°03′~26°27′,东经119°17′~120°31′。地处丘陵盆谷,平均海拔200 m左右,因毗邻罗源湾,兼具山区及海洋性气候,无霜期达326 d,气候温和,年平均气温19.6℃,最冷1月平均气温为10.5℃,最热7月平均气温28.6℃,雨量充沛,平均湿度77%,年均降水量1 342.5 mm。

1.2 试验材料来源

裕民现代农业综合试验场2003年引进3 000株福建山樱花苗木,均为台湾、福建等地采集的福建山樱花种子繁殖的实生苗。本试验所需的种子采自试验场。

1.3 试验方法

1.3.1 果实处理

将成熟的福建山樱花果实采摘,并置于尼龙网袋内,用手揉搓,使种子与果肉分离。然后用清水漂洗,并将浮于水面的空粒除去,留下饱满的种子。经75%的硫酸溶液酸化处理后,再漂洗干净,阴干备用。

1.3.2 变温层积处理

随机选取种子每100粒为1个样本,与湿水苔混合均匀,置于密封的塑料盒中。放入人工气候箱中,进行变温层积催芽处理。

变温处理:分别在4~15℃、4~20℃、7~15℃、7~20℃、10~15℃、10~20℃的变温范围各设一个处理,每个处理重复2次。变温处理15 d后将温度分别恒定为该处理温度范围的最低温度,分别观察10 d、15 d、30 d内种子的发芽情况,得到观测数据。

层积处理初始阶段需隔天打开塑料盒,翻动水苔,交换新鲜空气,此后可减少翻动频率。

1.3.3 恒温层积处理

分别选取100粒种子与湿水苔混合均匀,置于密封的塑料盒中,放置4℃、10℃冰箱进行恒温处理,并观察在25 d、30 d、45 d内种子发芽情况。初始阶段也需打开塑料盒,翻动水苔,交换新鲜空气。

1.3.4 设对照组观察种子自然发芽情况

选取饱满福建山樱花的种子直播于苗圃,通过实地观测种子在自然条件下的发芽情况,记录种子发芽情况。

采用spss软件进行观测数据的统计分析。

2 结果与分析

福建山樱花种子经不同温度、不同时间层积处理后,种子发芽的情况及自然条件下种子发芽率多重比较情况分别如表1、表2所示。

表1 不同温度、时间层积处理对福建山樱花种子平均发芽率(%)

温度＼天数	25 d	30 d	45 d
4~15℃	21	55	86
4~20℃	25	53	93
7~15℃	15	45	71
7~20℃	8	33	72.5
10~15℃	4	11.5	26
10~20℃	4.5	9	22
4℃	3.5	8	18.5
10℃	2	6	10
CK			62

表2 处理45 d后福建山樱花种子发芽率多重比较

处理	平均发芽率 /%	差异显著性	
		$\alpha=0.05$	$\alpha=0.01$
4~15℃	86	b	B
4~20℃	93	a	A
7~15℃	71	c	C
7~20℃	72.5	c	C
10~15℃	26	e	E
10~20℃	22	f	F
4℃	18.5	g	F
10℃	10	h	G
CK	62	d	D

注:不同小写字母间表示差异显著,不同大写字母间表示差异极显著。

试验表明,低温层积时间、变温温差与福建山樱花种子发芽率呈正相关;层积温度与福建山樱花种子发芽率呈负相关(见图1)。在变温处理范围为4~20℃处理期内,温度对福建山樱花的种子发芽率影响最大,层积45 d后种子发芽率高达93%;4~15℃的变温处理45 d的种子发芽率为86%;7~15℃和7~20℃两个处理间没有显著差异,这两个变温范围处理的种子发芽率变化不大,分别为71%、72.5%。而10~15℃、10~20℃、4℃恒温、10℃恒温这几个处理的种子发芽率都没有在自然状态下的种子发芽率高。

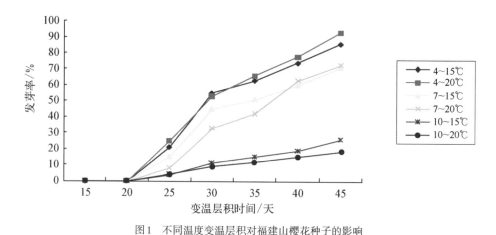

图1 不同温度变温层积对福建山樱花种子的影响

4℃恒温的处理,出现部分种子溃烂的情况,可能是由于福建山樱花种子不能忍受长时间的低温潮湿的缘故。

3 结论与讨论

与其他樱类植物一样,福建山樱花种子具有休眠性。在自然条件下,当年落下的种子,需到第二年2~3月发芽。经人工沙藏的种子,由于保存条件较好,发芽率要比自然落下的种子发芽率高,发芽时间也会有所提前。经人工变温处理,可大幅缩短种子发芽时间,出芽率也大幅提高。此外,酸化处理对缩短催芽时间有明显作用。

试验表明,变温温差、层积温度、层积时间对福建山樱花种子发芽率有较大影响。固定温度的低温层积可以降低种子内部的休眠素,但效果不及变温层积;较大的变温幅度更有利于福建山樱花种子发芽,如变温处理后再放入相对低的温度层积,会大幅缩短催芽时间,提高发芽率。层积处理时间的长短对福建山樱花种子发芽率也有一定的影响,随着处理时间的增加,种子的发芽率会慢慢提高,当增加到了一定程度后,就不再提高。

研究发现,福建山樱花种子在低温潮湿条件下极易腐烂,故在人工催芽过程中,要控制好水苔含水量。在野外,福建山樱花种子如遇冬季的雨水浸泡,容易失去活性,这也是自然条件下福建山樱花种子发芽率低的原因之一。

目前,在生产上对樱类植物种子通常采用沙藏的方法进行催芽。在自然条件下,由于季节的原因,短时间气温的变化幅度不大,无法在短时内使种子内部的休眠素浓度下降,需较长时间层积后,种子才能发芽。通过适当的变温处理,人为地强化层积作用,使种子内休眠素浓度迅速下降,有助于加快种子发芽。

福建山樱花具有花期早、花色丰富等特点,特别是在较高的温度下,具有较好花芽分化的特点,是其他樱花品种所不具有的。因此,福建山樱花非常适合在低纬度、低海拔地区栽培。不过,福建山樱花品系较多,良莠不齐,大规模推广种植前,需进行品种选育和改良。

通过变温层积处理,能实现当年采种当前成苗。试验表明,当年采收的种子经过变温层积催芽,播种后第二年,就能少量开花。因此,对福建山樱花种子层积催芽的研究,对优良品种选育、繁育和规模化苗木生产都具有积极的意义。

参考文献

[1] 吕月良,陈璋,施季森,等.福建山樱花扦插繁殖及其影响因子研究 [J]. 福建林业科技,2006,33(2):1-7.

[2] 吕月良,陈璋,施季森.福建山樱花研究现状、开发前景与育种策略 [J]. 南京林业大学学报:自然科学版,2006,30(1):115-118.

[3] 王贤荣,黄国富.中国樱花类植物资源及其开发利用 [J]. 林业科技开发,2001,15(6):3-6.

上海樱花栽植和养护管理技术

朱继军

（上海植物园，上海　200231）

摘要： 通过樱花品种引进与栽培试验，分析了上海樱花种植的主要胁迫因子，并针对性地提出了樱花栽培的品种选择与搭配、土壤改良、移栽定植及日常养护、病虫防治等技术，为上海樱花种植养护提供了参考。

关键词： 上海，樱花，栽植，养护

　　樱花通常有两种含义，一是为山樱花 *Prunus serrulata* 种名，另一意思则为具有观赏性蔷薇科李属 *Prunus* 典型樱亚属 *Subgen. Cerasus* 植物的泛称。樱花虽以日本为盛，但我国也是樱花的重要原产地。早在唐朝，李商隐便有"何处哀筝随急管，樱花永苍垂杨岸"的描写，白居易也有"小园新种红樱树，闲绕花枝便当游"的诗句，可见樱花的观赏性早已引起古人的注意，并加以栽培利用。只因盛唐时期，国人以梅和牡丹为贵，樱花并未受到足够关注。随着日本与唐朝的频繁交流，在盛唐文化的熏陶下，以观赏为主的樱属植物最终在日本得到发扬光大，并传播到世界各国。日本著名的樱花专著《樱大鉴》认为，日本樱花最早是从中国的喜马拉雅山脉传播过去的，而地处喜马拉雅西藏、云南等西南地区正是我国樱属资源的主要分布地之一，以上这些资料可隐约反映出樱花为人类认识和栽培利用的历史，距今已有1 200多年。

　　如今，樱花已经成为春季主要观花植物之一，并在许多国家得到栽培应用。在我国，樱花开放时恰逢早春，与传统民俗清明"踏春"合拍，使得"樱花"热在各大中城市迅速兴起。然而，由于城市土壤受到人为干扰破坏，加上樱花易遭病虫危害，常言说"樱桃好吃树难栽"，与樱桃同属的各类樱花在栽植和养护方面仍存在一些技术瓶颈，导致樱花种植存在死亡率高、易早衰等现象，影响了其观赏效果的发挥。

　　上海植物园是我国较早建立的植物园之一，历史上也接受过日本友人赠送的樱花树苗，并进行过多次樱花品种资源的引进，目前已收集各类樱花品种60余个。为解决上海地区樱花栽培养护难题，近年来，开展了引种及栽植养护技术的专项研究，现将其栽培养护技术总结如下：

1 櫻花的生物学特性

櫻花为落叶乔木或灌木，一般栽培高度1.5~10 m左右，树皮褐色，线形皮孔，水平排列；腋芽单生或并生，中间为叶芽，两侧为花芽，嫩叶在芽中为对折状；展叶后叶柄托叶常脱落，叶缘有锯齿或缺刻状锯齿，叶柄、托叶、锯齿常有腺体；叶为卵形或长椭圆形，叶基部钝圆，叶端渐尖或骤尖状；花着生为伞形、伞房状或短总状花序，常有花梗；萼筒钟状或管状，萼片反折或直立开张；花瓣白色、粉红或绯红色；先端圆钝、微缺或深裂；雌蕊1枚，雄蕊多数（俞德浚等，1986）。果实成熟后为红色或黑红色，种子1粒。花期一般因品种、地域不同而不同，分别在1~4月不等，个别品种如十月櫻 Prunus × subhirtella 'Autumnalis'、冬櫻 Prunus × parvifolia 'Fuyu-zakura' 可在9~12月开放。

原生櫻花多位于林缘地带（吕月良等，2006），喜光但不耐强光、耐阴，适宜温暖湿润气候，对土壤要求不严，以肥沃疏松的酸性砂壤土为好，不耐盐碱；根系浅，忌坑洼积水；有一定的耐寒和耐旱能力。

2 上海自然条件

上海位于北纬31°14′，东经121°29′，地处北亚热带季风气候，年平均气温16.5℃。冬季1月最冷，月平均气温3.3℃；夏季7月最热，月平均气温为27.8℃，常持续出现日气温≥35℃的极端天气，如2013年6月1日至2013年9月30日上海市高温日数（日最高气温≥35.0℃）累计达47天，8月7日最高气温达到40.8℃，为有气象记录以来年的历史新高；年日照时间2 000 h左右，年均降雨量1 200 mm，年均降雨日136 d。因此，夏季持续高温干燥形成伏旱，和梅雨、台风等形成涝灾均会对櫻花生长造成严重危害。

上海土壤主要由长江淤泥冲积形成，碳酸钙沉积明显，以中性偏碱为主，土壤pH值大多高于7.5（郝瑞军等，2011）。土壤紧实，结构单一，容重大，通气孔隙少，保水保肥性能差，旱季时极易板结；加之受海潮影响，存在局部盐害。由于地势低平，土壤地下水位较高，有些地区地下水位仅60~70 cm，而初夏持续梅雨天气，时常造成雨季土壤含水处于过饱和状态。偏盐碱的土壤和较低的地下水位，对櫻花生长也十分不利，因此，种植櫻花一定要做好地形整理和改土工作。

3 上海櫻花栽培养护

3.1 品种选择

櫻花品种众多，花色、花型、树形各异，应根据景观设计要求选择观赏性优良的适生品种。通常按花期的早中晚搭配种植，而行道树栽植或片植，则可按花色选择花期一致、树形高大舒展的品种进行布置，以增强整体观赏效果。

经多年观察，上海观赏性、适应性较好的早櫻花主要有钟花櫻 Prunus campanulate、尾叶樱*Prunus dielsiana*和华中樱*Prunus conradinae*等我国原生种，以及由钟花樱演绎的日本园艺品种'河津樱'*Prunus × kanzakura*'Kawazu-zakura'、'大寒樱'*Prunus × kanzakura*'Oh-kanzakura'等。其中，钟花樱的花瓣以红色为主，花期为2月下旬到3月上中旬，花色分别有深红、桃红、淡红、水红等变化；以钟花樱杂交演变而来的日本园艺品种有'寒樱'、'河津樱'、'大寒樱'等，花色以淡红为主；'尾叶樱'、'华中樱'花期为2月末至3月上中旬，花色有粉白、粉红、粉紫色等。

中花期的樱花以日本品种为主，花期为3月末至4月初，主要有'染井吉野'*Prunus yedoensis*、'小彼岸'*Prunus subhirtella*、'越之彼岸'*Prunus spachiana*、'小松乙女'*Prunus spachiana*'Komatsu-otome'、'神代曙'*Prunus spachiana*'Jindai-akebono'、'思川'*Prunus subhirtella*'Omoigawa'、'阳春'*Prunus*'Yoshun'等，花色以粉红白、白色为主，其中，以'染井吉野'樱最为著名，应用最为广泛；还有一些如'雨晴枝垂'*Prunus pendula*'Ujou-shidare'、'八重红枝垂'*Prunus spachiana*'Pleno-rosea'等垂枝型品种，具有类似垂柳的风姿，兼具观花效果，特别适宜临水栽植，布置成景。

晚樱花则主要是以日本晚樱*Prunus lannesiana*为主的众多园艺品种，花期在4月至5月初，有'白妙'*Prunus lannesiana*'Sirotae'、'一叶'*Prunus lannesiana*'Hisakura'、'兰兰'*Prunus lannesiana*'Ranran'、'松月'*Prunus lannesiana*'Superba'、'红笠'*Prunus lannesiana*'Benigasa'、'福禄寿'*Prunus serrulata*'Contorta'、'杨贵妃'*Prunus lannesiana*'Mollis'、'兼六园菊樱'*Prunus lannesiana*'Sphaerantha'、'红时雨'*Prunus lannesiana*'Beni-shigure'、'普贤相'*Prunus lannesiana*'Shirofugen'及'天川'*Prunus lannesiana*'Erecta'、'郁金'*Prunus serrulata*'Grandifora'、'御衣黄'*Prunus lannesiana*'Gioiko'、'紫樱'*Prunus lannesiana*'Royal Burgundy'等主要品种，花瓣以复瓣或重瓣为主，花色从纯白、淡红到深红、紫红等，其中，花瓣黄绿色的'郁金'、'御衣黄'和分枝直立的龙柱形品种'天川'等较为罕见，可作点缀种植，以吸引游客的观赏。

品种选择可依据不同花期搭配种植，以延长观赏期，在苗木充裕的条件下，也可选择优良的单个品种集中布置，更突出樱花的整体观赏效果。

3.2 苗木选择与运输

一般选择4~5龄、径粗5~10 cm左右，根系完整发达，无病虫危害，树冠丰满匀称、生长健壮的樱花苗木，起运时间为落叶后的12月至次年2月（冰冻期除外），应尽量避免萌芽后起运栽植。用起苗器带土球起苗或人工挖取，注意保持土球完整，土球直径按苗地径的8倍确定，厚度35~50 cm。用草绳将土球捆紧扎牢，避免松散。大规格苗木，应用草绳将树冠部分收紧，以便于运输，避免枝条挤伤。

装运时，从车厢近车头边起装，土球对车头方向，依次后压，逐层压住下一层的枝干，形成一定倾斜，既提高装载效率，又避免上下土球挤压造成的破损。装车后用防雨布盖严，避免日晒雨淋，尽快运到目的地，及时定植。

3.3 土壤选择与改良

选择土壤疏松、通气性好的砂壤土，要求地块排水良好，忌低洼积水，否则应重新整理地形,或设置暗沟或明沟等排水系统,并抬高栽植。

对于板结的盐碱土或人为干扰的建筑垃圾土,应采取换土调酸的方法改善立地条件。即将原来的土块打碎或者选择好的客土,混合山泥土、腐熟粉碎的秸秆、锯末、畜禽粪或草炭等,并按每平方米撒入2~5 g硫磺粉,调节降低土壤碱性。上海地下水位较高,且常有台风带来局部的涝灾,一般应抬高50~100 cm栽植,即苗木根颈部位与地平或地下水保持1 m左右的高差,以确保不受水渍危害。

3.4 移栽定植

最佳时间为12月或次年2月,种植穴按苗木大小确定,一般深40~60 cm,直径在60~100 cm之间;定植株行距4~7 m,根据苗木株型、场地加以调整。定植前先对苗木进行修剪,剪除内堂枝、重叠枝,保留骨架枝,疏除过密枝条,过长枝条留2/3~3/4截头,以降低树冠对水分、养分的消耗,土球外过长的根系也应修剪整齐。

栽时先回填2/3的改良土壤,施入有机肥,混匀,放入樱花苗,少量填土后,轻轻上提,使根系舒展;用木棒倒实,使土壤与根系密接,剪断草绳,解绑,继续覆土至与根颈部位平齐,或不超过根颈5 cm,踩紧压实,浇足定根水。然后在树主干上缠上草绳保湿,并用支撑杆固定。栽后根据天气情况隔5~7天再浇2~3次水,即可成活。

3.5 日常管理

施肥:一般每年施肥2次,一次基肥,一次追肥。基肥在秋冬季施入,主要用腐熟的饼肥、鸡粪等有机肥穴施,即在树冠投影的外缘线,间隔挖深10 cm、宽15 m的小沟或穴,将肥料与土混合埋入,每株树施饼肥2 kg左右。春季花后是新梢生长的主要时期,应进行一次花后追肥,主要为补充氮磷钾为主的速效肥,方法与基肥相似,开圆状、环形小沟,在雨后将肥料撒入穴中,覆土盖好,施肥量可依据树的大小而调整。

土壤管理:樱花根系主要分布于20 cm左右的表土层,需疏松透气,忌水淹、人畜践踏和高温热害。不同地区由于地下水和降雨不同,土壤管理方式相差甚远。上海地下水位高,且多连阴雨和台风强降雨,其树盘管理以排水为主,因此应结合松土保持顺坡地形,消除树盘范围内坑洼,便于排水;为避免根颈部积水和夏季强日照造成的高温热害,可在根颈周围50 cm半径的范围,覆盖经过无害化处理的树皮、木屑等有机物,以抗旱保墒。

支撑防台:华东沿海地区夏秋季多有台风袭击,对于新栽苗木或树冠较大的樱花,应及时加强主干或大枝的支撑,避免台风吹袭刮倒;台风后对吹歪或倾倒的树木要及时挖起,扶正栽好,并支撑牢固,断裂枝条及时锯除,伤口涂抹保护剂。

3.6 修剪

由于樱花生长季节截枝后常流胶,且恢复缓慢,一般应在落叶后的秋冬季进行,锯除枯死或多余重叠的大枝,应从分枝的根部锯除,不得留桩头,并涂抹保护剂,防止伤口淋雨腐败。樱花新梢生长主要在花后的春季,应以抹芽、轻修剪调节培育树冠,主要剪除干枯枝条、重叠枝、内堂枝、细弱枝和病虫枝;春季要注意抹除树干下部及内向的萌芽,保留健壮外向枝条,主干上过密的分枝应留强去弱、留外去内,及时去除,以利树体通风透光,形成宽阔强壮的骨干枝，营造丰满冠形。对特殊品种还要采取一些特殊方法，如'八重红枝垂'、'雨情枝垂'应通过拉、吊、支撑的方法调节树形，树干直立的品种'天川'则要注意剪除偏斜生长的畸变枝。

3.7 主要病虫害及防治

樱花病虫危害较多，也是造成其在上海地区死亡率较高的原因，总体看，立地条件不佳造成长势衰弱，也是病虫多发的重要原因，因此，进行地形处理、改土调酸、抬高栽植是保证樱花健康生长，提高对病虫抗性的首要环节。

据观察，上海地区樱花病害主要有根癌病、穿孔性褐斑病，虫害有桃红颈天牛、草履蚧、桑白盾蚧、朝鲜球坚蚧、红蜡蚧、小蠹虫等。其主要方法如下：

3.7.1 根癌病

根癌病发生在根颈或侧根上，以根颈处居多，且以晚樱品种危害更多。根癌病一般在病部产生木质化肿瘤，并逐渐扩大，消耗养分，并阻碍养分、水分的输送，最终导致植株死亡。根瘤初期乳白色或肉色，逐渐变成褐色或深褐色，圆球形，表面粗糙，凹凸不平，有龟裂。

防治方法：对患病轻病植株，切除癌瘤和周围的其他组织，用K84抗根癌菌剂加1~2倍水调匀涂抹切口后，立即覆土，防止干燥；并在树盘周围每平方米撒入50~100 g硫磺粉的消毒；对重病株，一旦发现，必须连根挖出，集中焚烧销毁。

3.7.2 桃红颈天牛

桃红颈天牛外观黑色，光亮，前胸背板红色是其显著特征。以幼虫在树干内钻蛀危害，导致树干腐朽，长势衰弱。一般2年发生Ⅰ代，以幼龄幼虫（第1年）和老熟幼虫（第2年）越冬，成虫于5~7月间出现，以6下旬至7月中旬为成虫羽化高峰；幼虫危害有两个高峰，分别在6月和9月左右。

防治方法：一是在生长季节，加强巡查，发现树干有新虫粪排除，及时钩杀或刺杀，或在蛀孔灌注50%敌敌畏800倍液或10%吡虫啉2 000倍液封杀。二是树干涂白或喷药，特别是在成虫羽化的高峰期6至7月，要对树干喷洒菊酯类化学药剂或涂石硫合剂，减少成虫在树皮裂缝、空隙产卵，并利用白色趋避成虫栖息。三是捕杀成虫。在幼虫羽化的6~7月，利用其群集性，及时捕杀成虫，减少其交尾产卵。

3.7.3 介壳虫

介壳虫主要有桑白盾蚧、草履蚧、朝鲜球坚蚧等，以群集在枝条，刺吸树干汁液危害，常造成树体营养缺乏，落叶，并导致煤污病发生。

防治方法：由于樱花易受药害，因此掌握在春季萌芽前或秋季落叶时喷药防治。即观察多数若虫孵化不久，体表尚未分泌蜡质，可用40%氧化乐果1 000倍液，或50%马拉硫磷1 500倍液，或50%敌敌畏1 000倍液，或2.5%溴氰菊酯3 000倍液等喷雾。每隔7~10天喷1次，连续2~3次。

3.7.4　小蠹虫

小蠹虫体长3.7 mm,体背棕色,一般以枯木钻洞为巢,近年发现其易转移到樱花上危害,在树皮上密集蛀洞,导致树体流胶,迅速衰亡。

防治方法:一是加强对樱花的管理,切忌在根颈部堆土,导致根系呼吸不畅,,整理树盘周边坑洼,避免局部积水,导致根系受害,树体生长不良,抗性下降。二是发现少量虫害发生可轻刮树皮,涂抹含杀虫的保护剂,并对发生受害树及周围树木,用80%敌敌畏和高效氯氰菊酯乳油剂加水按1:1:3的比例配药防治;严重发生的树木应及时清除销毁,并清除园中其他枯死枝干。三是注意选用清洁无虫害的木架支撑杆,以免带入虫源。

参考文献

[1] 俞德浚,李朝銮,等.中国植物志(第38卷)[M].北京:科学出版社,1986:41-89.

[2] 吕月良,施季森,陈璋,等.福建山樱花群落学特征研究[J].福建林业科技,2006,33(2):29-33.

[3] 郝瑞军,方海兰,沈烈英,等.上海中心城区公园土壤的肥力特征分析[J].中国土壤与肥料,2011,(5):20-26.

樱花冠瘿病的发生特点和防治

李 丽

（上海辰山植物园，上海 201602）

摘要：冠瘿病为世界性病害，对樱花危害严重。本文详细介绍了樱花冠瘿病的分布、症状、病原以及主要防治措施，提出根据樱花的长势和病原的生理生化性状，可以判断樱花冠瘿病的发生状况，并对樱花冠瘿病采取有效的防治措施，而生物防治是目前防治樱花冠瘿病的重要方法。

关键词：樱花；冠瘿病；症状；病原；防治

樱花盛开时绚丽烂漫，越来越受到人们的喜爱。随着樱花的兴起，从21世纪初，上海陆续从浙江、江苏、贵州和安徽等地引入樱花10万余株，上海市林业病虫防治检疫站的抽样结果显示，上海樱花冠瘿病的感病率约为15%。由于冠瘿病具有极强的传染和难以防治的特性，2004年冠瘿病被列入国家林业局发布的林业检疫性有害生物名单。据不完全统计，2007年至今，上海共销毁感病樱花1768株，造成了很大的经济损失。因此，了解樱花冠瘿病的病因、诊断和防治方法，对减少樱花冠瘿病的发生和促进樱花的健康发展具有重要作用。

1 樱花冠瘿病的分布

冠瘿病为世界性病害，世界各地均有发生，在欧洲、北美、非洲和亚洲的一些国家和地区发生普遍而严重，如美国的桃树、欧洲及南非的核果类和葡萄、澳大利亚的桃、杏、李等都深受冠瘿病的危害（马德钦，王慧敏，1995）。

在我国，葡萄冠瘿病在北方13个省市均有发生；樱桃冠瘿病在北京、大连、河北，尤其在山东一些地区发生严重；桃树冠瘿病在上海、江苏、福建、北京、河北、大连等地普遍发生；啤酒花冠瘿病主要发生在山东、浙江和新疆；樱花冠瘿病发生在北京、内蒙古等地，其中多是从日本传入。此外，河北的山楂、山西的梨、山东的苹果和东北的甜菜也发现冠瘿病。随着带病苗木的调运，很可能加速病害传播。

2 樱花冠瘿病的症状

樱花冠瘿病主要发生于樱花主干基部,有时也发生于根颈或侧根。病部形成大小不一的肿瘤,初期幼嫩,色淡,表面光滑质软,逐渐变成褐色,圆球形,表面粗糙,有龟裂,后期木质化(如图1,图2,图3所示)。

图1 樱花冠瘿病初期症状

图2 樱花冠瘿病后期症状

图3 樱花冠瘿病的根部症状

樱花感病后根系发育不良,严重时整个主根变成一个大瘤。感病植株的地上部分生长缓慢,树势衰弱,叶片从树冠下部开始发黄枯萎,逐步向上部蔓延,严重时可导致植株死亡。浙江省余姚市森林病虫防治检疫站李百万、柳建定等研究发现樱花冠瘿病地上部分长势与地下部分发病程度有一定的相关性,在樱花抽叶以后至3个月内(一般在4~6月),可根据樱花地上部分生长情况,诊断樱花是否发病或是否比较严重。

首先看整片樱花地生长情况,如生地种植樱花长势较好,不容易发病,熟地、地势低洼地种植则容易发病,发病概率比生地高出1至2个百分点。

二是看长势,生长健壮、长势旺盛,主干光滑、叶片润滑均属健康植株;看上去比较健康,但树冠下部出现部分叶枯黄,主干不光滑,且粗糙,说明该植株有冠瘿病发生和危害,挖掘时均有不同大小的肿瘤出现。

三是整株樱花抽叶较迟,抽叶以后1个月左右的时间,叶片开始枯黄,进而整株枯黄,枝干从上自下逐步枯死,说明该植株已严重发病,且主干粗糙、地下部分无完整的根系,肿瘤庞大、坚硬。木质部与韧皮部已完全分离,并有酒糟气味。

3　樱花冠瘿病的病原

　　樱花冠瘿病的病原为根瘤菌科土壤杆菌属根癌土壤杆菌(*Agrobacterium tumefaciens*)。细菌杆状,革兰氏染色阴性。根癌土壤杆菌发育的最适温度22℃,最高温度34℃,最低温度10℃,一般在14~30℃发育良好,如果温度达到51℃,10分钟后菌株死亡。根癌土壤杆菌耐酸碱度pH范围为5.7~9.2,以7.3最为适合(倪大炜等,1999)。

　　根癌土壤杆菌根据生理生化性状分为3个生物型,生物Ⅰ型根癌土壤杆菌称为根癌土壤杆菌,生物Ⅱ型根癌土壤杆菌称为发根土壤杆菌,生物Ⅲ型根癌土壤杆菌称为葡萄土壤杆菌。樱花冠瘿病是由生物Ⅰ型和生物Ⅱ型根癌土壤杆菌引起。致病机理是由于含有一种转移性质粒Ti,一旦Ti质粒中的T-DNA区融合进植物细胞核DNA后,就能稳定维持,并随着细胞分裂而不断复制,致瘤基因表达,使植物细胞无控制增生为肿瘤。

　　根癌土壤杆菌的寄主范围非常广泛,可浸染93科331属643种植物,从分布范围和危害严重程度来看,杨树、葡萄、樱桃、桃、杏、苹果、啤酒花、海棠、山楂、核桃、梨等根癌病最为突出。根癌土壤杆菌在土壤中或癌瘤组织的皮层内越冬,存活时间与寄主残体存活与否有关,有时可存活几个月到1年以上,如在2年内不遇活的寄主,病菌便失去活力。病菌借雨水、灌溉水、地下害虫和园艺工具等媒介传播,通过各种伤口侵入植株,带菌苗木和植株是该病远距离传播的重要途径。通常潮湿、粘重、偏碱性土壤有利发病,本地品种抗病性强,引进品种易感病,成片栽植比零星种植发病重(王慧敏,2007)。

4　樱花冠瘿病的主要防治方法

4.1　检疫

　　严格执行检疫制度,引进或调出苗木和植株时,发现带有根癌的应烧毁,守好病害侵入的第一道防线。

4.2　生物防治

　　生物防治是利用生物及其代谢产物防治植物病原体、害虫和杂草的方法。在各类拮抗根癌土壤杆菌的生防菌研究中,*Agrobacterium radiobacter*(K84)研究最为深入。1972年,Kerr从土壤杆菌中分离到放射土壤杆菌K84菌株,用K84菌株防治冠瘿病的研究报道很多,Moore曾作了详细评述。他列举了许多植物,如蔷薇科、胡桃科、菊科、杨柳科等植物幼苗用K84菌株处理后,对冠瘿病的防治很有效,甚至可达100%。K84使用的方法简单,将植物材料(种子或幼苗的根)在播种或移栽前,立即放在K84菌株悬浮液中沾一下即可。从1973年起,K84菌株在澳大利亚已制成商品出售,现在许多国家和地区仍在使用。它的防治作用是由于K84菌株产生一种细菌素,能够选择性抑制致病性的根癌土壤杆菌。然而,K84菌株只对含胭脂碱的生物Ⅰ、Ⅱ型根癌土壤杆菌有效,且可能发生毒质粒转移,而使K84菌株失效(马德钦等,1995)。

因此,1988年澳大利亚科学家通过限制酶切和DNA重组,构建新的菌株K1026,K1026除了不会产生毒质粒转移的危险外,其他方面的特性和生防效果与亲代K84菌株没有区别,目前K1026已经申请了专利,在澳大利亚和美国制成商品出售。除K1026菌株外,科学家们还分离到很多抗根癌土壤杆菌的拮抗菌株,比如1983年Hendson等分离出拮抗菌D286,1986年陈晓英等分离到放射土壤杆菌HLB-2菌株,1990年梁亚杰等分离到E26菌株,谢学梅等分离出MI-15菌株,还有假单胞杆菌、芽孢杆菌等拮抗菌都为防治根癌土壤杆菌发挥作用。

4.3 其他防治方法

对于可疑苗木,可用1%~2%硫酸铜液浸泡5 min后,再放入50倍生石灰液中浸泡1 min;也可用72%农用硫酸链霉素可溶性粉剂1 500倍液浸泡20~30 min,杀菌消毒,最后用清水清洗后栽植。对于初发病和生长期带瘤病株,可用刀切除病瘤,有削口处用波美5度的石硫合剂100倍液或80% 402抗菌乳剂50倍液消毒,外涂波尔多液保护。用甲醇、冰醋酸、碘片(50∶25∶12)混合液或二硝基邻甲酚纳、木醇(20∶80)液涂敷病瘤,能使病瘤消失。

櫻花冠瘿病是一种极难控制的世界性病害,应以预防为主,切断病原的源头,利用园艺防治方法、生物防治方法等综合防治措施,防止樱花冠瘿病进一步的蔓延加重。

参考文献

[1] 倪大炜,沈杰,张炳欣.日本樱花根癌病原菌的鉴定及其防治[J].微生物学通报,1999,26(1):11-14.

[2] 马德钦,张洪胜,梁卫东.应用土壤杆菌防治植物冠瘿病[J].微生物学通报,1995,22(4):238-242.

[3] 李百万,柳建定,熊小萍,等.樱花冠瘿病的诊断与防治[J].华东森林经理,2002,20(1):33-34.

[4] 王慧敏.植物根癌病的发生特点与防治对策[J].世界农业,2007,(7):28-30.

[5] 马德钦.王慧敏.果树根癌病及其生物防治[J].中国果树,1995,(2):42-44.

樱花在杭州园林中的案例分析研究

蔡建国[1]，刘晓莉[2]，胡本林[3]

（1. 浙江农林大学风景园林与建筑学院，浙江　临安　311300；2. 浙江农林大学植物园，浙江　临安　311300；3. 浙江滕头园林股份有限公司，浙江　宁波　315100）

摘要：樱花是世界著名的早春观赏花木之一。本文中杭州西湖风景名胜区中樱花应用比较多的太子湾、花港观鱼、柳浪闻莺、曲院风荷等公园中以樱花为特色的植物空间进行调查，通过案例分析表明：① 樱花在杭州园林中应用主要有与建筑组合成为点景、草坪林缘片植成为主景、溪流边缘行植成为带景，多以表现春景为特色；② 杭州樱花应用种类和品种比较少，多以山樱花、早樱和日本晚樱为主；③ 在进行樱花园林配置设计时，较少考虑樱花生态习性，群落结构和应用形式相对单调。最后，对樱花在杭州园林中的应用提出一些建议，如增加樱花品种、结合生态习性增加应用形式和优化群落结构等。

关键词：樱花；园林应用；植物景观空间；杭州西湖景区

樱花既有梅花之幽香，又有桃花之艳丽，是庭院观赏、园林绿化、美化环境的理想树种（王铖等，2007；朱红霞等，2006），成为早春主要观赏花木之一。我国赏樱盛地较多，如武汉的东湖樱花园、武汉大学、青岛的中山公园、旅顺的龙王塘水库公园、无锡鼋头渚公园、南京的玄武湖和中山陵、杭州的太子湾公园、北京玉渊潭公园、昆明圆通山樱花园、台湾阿里山樱花等。许多国家和地区都已广泛栽培运用，形成多处有名的樱花景观，如英国伦敦郊外的皇家植物园，德国汉堡的天姆树木园，美国农务部及哈佛大学等（时玉娣，2007）。日本是引种、培育樱花品种最多，对樱花研究最为深入的国家，樱花也成为日本国花。

本文通过调查杭州西湖风景名胜区中樱花应用比较多的公园，分析其植物景观空间，为樱花在园林中的进一步推广与应用做些基础性工作。

1　杭州市西湖景区樱花应用调查

1.1　调查方法

选取西湖园林中樱花配植的佳例，获取春季樱花景观的实景图像资料。通过测量，利用CAD绘制所测案例平面图,按照实际情况进行标注。包括太子湾公园2例,花港观鱼3例,柳浪闻莺2例,曲院风荷1例。

1.2 调查地点概括

1.2.1 太子湾公园

太子湾公园位于杭州西湖西南隅,东邻张苍水祠,南倚九耀山、南屏山,西接赤山埠,北临苏堤春晓和花港公园,是环湖景区的重要组成部分。公园总面积53 299.98 m²,以植物为主景,建筑小品为辅景,在中国传统山水园林的基础上,吸取了西方造园的艺术处理手法,是一处融山野情趣和田园风韵于一体的文化游憩山水园。全园共分6个区,分别是入口区,琵琶洲景区,逍遥坡景区,望山坪景区,凝碧庄景区以及公园管理区。主要景点有清婉亭、揽樱轩、大风车、珠帘壁(瀑布)、逍遥坡、小教堂、望山坪等。本次调查选取望山坪和珠帘壁溪流2处案例进调查行分析。

1.2.2 花港观鱼公园

花港观鱼公园位于杭州西湖西南角,面临西湖,背靠西山,是介于小南湖和里西湖之间的一个半岛,公园因原址由历史景点"花港观鱼"而得名。总面积21.3 hm²,年游客量达300余万人次的一座著名的文化休闲公园。花港观鱼公园是西湖十景之一,公园的布局充分利用了原有的自然地形条件,恢复和发展了历史的景观,形成主题特色鲜明的景观划分。公园总体布局合理,在整体上结合微地形起伏,利用乔、灌、草等植物合理的分隔空间,以及巧妙的植物色彩搭配,从而形成了花港观鱼丰富的植物景观。全园分成大草坪、红鱼池、牡丹园、丛林、花港和疏林草地等6个景区。本次调查选取雪松草坪、藏山阁草坪、悬铃木草坪3处案例进调查行分析。

1.2.3 柳浪闻莺公园

柳浪闻莺公园地处西湖东南隅,清波门处,占地约21 hm²。南宋时为帝王御花园,称聚景园,园内有会芳殿、三堂、九亭、柳浪桥和学士桥。清恢复柳浪闻莺旧景,现为柳浪闻莺公园。柳形各具特色:柳丝飘动似贵妃醉酒,称"醉柳";枝叶繁茂如狮头,称"狮柳";远眺像少女浣纱,称"浣纱柳"等,有柳洲之名。其间黄莺飞舞,竞相啼鸣,故有"柳浪闻莺"之称。全园分友谊、闻莺、聚景、南园4个景区。本次调查选取柳浪闻莺馆小空间和日中不再战草坪3处案例进调查行分析。

1.2.4 曲院风荷公园

曲院风荷位于西湖西北隅,是以夏景观荷为主的名胜公园,面积达28.4 hm²。全园分为岳湖、曲院、风荷、竹素园、滨湖密林五大景区,其间还有为中日友好城市文化交流所建的福井园。本次调查选取中日友好草坪案例进调查行分析。

2 杭州西湖景区的樱花应用分析

杭州樱花应用比较广泛,文中选择太子湾、花港观鱼、柳浪闻莺、曲院风荷等4个樱花应用比较突出的公园,在其中选取樱花在建筑周边、草坪林缘、溪流旁边等典型的8个案例进行调查分析。

2.1 园林建筑旁

案例1 柳浪闻莺馆小空间
主要植物及特征见表1。

表1 柳浪闻莺馆小空间主要植物种类及其特征

植物种类	科	属	数量	生活型	类型	观赏期
银杏	银杏科	银杏属	1	乔木	落叶	秋季
垂柳	杨柳科	柳属	2	乔木	落叶	春夏季
樱花	蔷薇科	李属	1	小乔木	落叶	春季
白玉兰	木兰科	木兰属	1	小乔木	落叶	春季
垂丝海棠	蔷薇科	苹果属	1	小乔木	落叶	春季
羽毛枫	槭树科	槭树属	1	灌木	落叶	秋季
美人茶	山茶科	山茶属	1	灌木	常绿	春季
茶梅	山茶科	山茶属	3	灌木	常绿	冬季
红花檵木	金缕梅科	檵木属	3	灌木	常绿	四季
枸骨	冬青科	冬青属	1	灌木	常绿	四季

该空间是典型的植物与建筑相结合的空间,整个空间分布重点在馆四周。该馆位于柳浪闻莺公园中部主景区,馆西北侧临水,东侧与园区主干道路连接(见图1)。植物配置上,馆东北侧临水种植两株垂柳,馆南侧有樱花、白玉兰(*Magnolia denudata*)、垂丝海棠(*Malus halliana*)、羽毛枫(*Acer palmatum* 'Dissecrum')、美人茶(*Camellia uraku*)、枸骨(*Ilex cornuta*)等的组合,樱花、白玉兰、垂丝海棠、羽毛枫姿态各异,犹如绿色屏障紧贴该馆。层次结构上,以银杏(*Ginkgo biloba*)、垂柳(*Salix babylonica*)构成上层,中层为观花小乔木樱花、白玉兰和垂丝海棠,结合下层的羽毛枫、枸骨和红檵木(*Loropetalum chinense* var. *rubrum*),整个空间层次分明,结构清晰,树影斑驳。季相上,突出春季景观。色彩上,春有白色的白玉兰、粉红色的樱花和红色的垂丝海棠,秋有黄色的银杏和红色的羽毛枫的色叶搭配,结合水边曲折优美的堤岸线,与建筑的配合也是恰到好处,樱花与建筑恰到好处地融合,成为丰富建筑景观的点景。

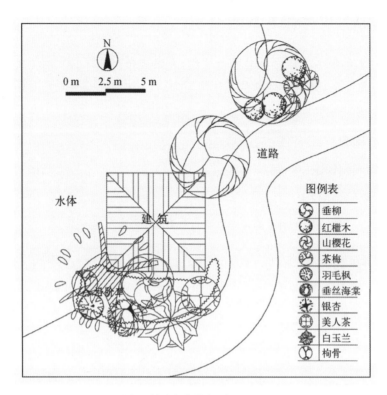

图1 柳浪闻莺馆小空间平面图

2.2 草地林缘

案例2 曲院风荷-中日友好草坪

主要植物及特征见表2。

表2 曲院风荷中日友好草坪主要植物种类及其特征

植物种类	科	属	数量	生活型	类型	观赏期
香樟	樟科	樟属	23	乔木	常绿	四季
浙江楠	樟科	樟属	1	乔木	常绿	四季
垂柳	杨柳科	柳属	2	乔木	落叶	春夏季
日本樱花	蔷薇科	李属	21	小乔木	落叶	春季
日本晚樱	蔷薇科	李属	2	小乔木	落叶	春季
鸡爪槭	槭树科	槭树属	1	小乔木	落叶	秋季
龙柏	柏科	圆柏属	6	小乔木	常绿	四季

中日友好草坪位于曲院风荷景区中北部福井园内,是中日友好城市文化交流的见证。园内环流的小河以及日式的园林建筑,配合中国园林的精细自然,成了可以让人安静休息

的好地方,见图2。

草坪西北侧建筑对面以香樟(*Cinnamomum camphora*)和浙江楠(*Phoebe chekiangensis*)作为上层,日本樱花(*Cerasus yedoensis*)和日本晚樱(*Cerasus lannesiana*)为中层,吉祥草(*Reineckia carnea*)为下层,构成较为密实的群落结构,为营造静谧的草坪休息空间起到绿色屏障的作用;在草坪北侧和南侧道路边缘处各点缀樱花作呼应;草坪东北侧以道路与大草坪隔开,由香樟围合成一个

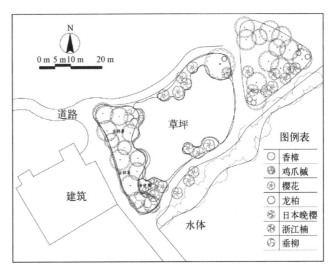

图2 曲院风荷中日友好草坪平面图

三角形的半封闭小空间,并点缀樱花和龙柏(*Sabina chinensis* var. *chinensis* 'Kaizuca')以丰富群落层次结构。季相上,春有樱花和日本晚樱竞相暂放,夏有垂柳柔条拂水,秋有鸡爪槭(*Acer palmatum*)红叶诱人,再配以四季常绿的香樟、浙江楠和龙柏作为背景衬托,可谓红绿相映,生机盎然,樱花和日本晚樱围绕草坪边成片种植,春花怒放,景色宜人。

案例3 花港观鱼雪松草坪空间

雪松大草坪位于花港观鱼公园北部景区,以东西长200 m,南北宽80 m的大草坪为主体,是青少年开展集体活动以及游客休憩赏景的绝好场所。草坪北临里西湖,视野开阔,可远眺湖光山色,其余三面以土丘地形结合常绿树林带分隔空间,形成开朗、宁静的休息景域(黄月华,2009)。主要植物及特征见表3。

表3 花港观鱼雪松大草坪主要植物种类及其特征

植物种类	科	属	数量	生活型	类型	观赏期
雪松	松科	雪松属	18	乔木	常绿	四季
无患子	无患子科	无患子属	1	乔木	落叶	秋季
枫香	金缕梅科	枫香属	3	乔木	落叶	秋季
香樟	樟科	樟属	1	乔木	常绿	四季
乐昌含笑	木兰科	含笑属	1	乔木	常绿	四季
日本樱花	蔷薇科	李属	8	小乔木	落叶	初春
桂花	木犀科	木犀属	13	小乔木	常绿	秋季

18株雪松(*Cedrus deodara*)片植在大草坪南侧边缘,结合适当的缓坡地形,更衬托出雪松伟岸的树形。在雪松林缘点缀了8株樱花,既缓和了雪松围合形成的肃穆气氛,又使得春季景观效果突出。深绿色的雪松为初春盛开的樱花提供了很好的背景,沿雪松边缘自然种植的单排樱花,盛开时繁花似锦,具有较好的观赏效果。见图3。

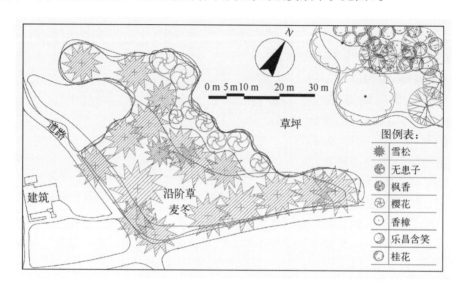

图3　花港观鱼雪松大草坪平面图

高大的雪松与落叶小乔木樱花在体量上相互衬托,十分匹配。樱花的平均高度约为雪松平均高度的1/3,上下层次清晰。樱花株距约为3~8 m,为其平均冠幅的1倍以上,植株间彼此呼应,保证了视觉上的整体性与连续性,并预留了较大的生长空间。雪松的庄严肃穆与樱花的柔美飘逸巧妙结合,表现出刚柔并济的植物景观效果。但色彩方面稍显单调,樱花品种单一、花期较短,若能增加一些如白菊樱、绿樱和关山等樱花品种,不仅能从花量和花色方面进行丰富,而且还能使花期延长。

案例4　柳浪闻莺"日中不再战"草坪

"日中不再战"草坪位于柳浪闻莺公园闻莺馆东面,以草坪和密林带为主形成友谊园景区,草坪北侧"日中不再战纪念碑",耸立在日本樱花的雪海之中,为中日两国人民友好情谊的象征。主要植物及特征见表4。

表4　柳浪闻莺"日中不再战"草坪主要植物种类及其特征

植物种类	科	属	数量	生活型	类型	观赏期
拐枣	鼠李科	枳椇属	7	乔木	落叶	春夏季
银杏	银杏科	银杏属	2	乔木	落叶	秋季
无患子	无患子科	无患子属	7	乔木	落叶	秋季

（续表）

植物种类	科	属	数量	生活型	类型	观赏期
枫香	金缕梅科	枫香属	1	乔木	落叶	秋季
湿地松	松科	松属	16	乔木	常绿	四季
黑松	松科	松属	3	乔木	常绿	四季
浙江楠	樟科	樟属	8	乔木	常绿	四季
广玉兰	木兰科	木兰属	12	乔木	常绿	夏季
樱花	蔷薇科	李属	106	小乔木	落叶	春季
日本晚樱	蔷薇科	李属	3	小乔木	落叶	春季
垂丝海棠	蔷薇科	苹果属	17	小乔木	落叶	春季
白玉兰	木兰科	木兰属	12	小乔木	落叶	春季
桂花	木犀科	木犀属	55	小乔木	常绿	秋季
红枫	槭树科	槭树属	5	小乔木	落叶	秋季
鸡爪槭	槭树科	槭树属	10	小乔木	落叶	秋季
圆柏	柏科	圆柏属	1	乔木	常绿	四季

　　植物配置上，整个草坪空间以5棵高大的枳椇（*Hovenia acerba*）散植在草坪东侧，营造疏林草地的模式。樱花成片散植在草坪四周边缘作为前景，桂花（*Osmanthus fragrans*）、湿地松（*Pinus elliottii*）和浙江楠等常绿植物作为背景，见图4。

　　层次上，北侧植物群落以无患子（*Sapindus mukurossi*）、湿地松（*Pinus elliottii*）、黑松（*P. thunbergii*）和广玉兰（*Magnolia grandiflora*）构成上层，以樱花、日本晚樱、白玉兰、垂丝海棠和桂花构成中层，以鸡爪槭、红枫和圆柏（*Sabina chinensis*）构成下层，并搭配矮紫薇（*Lagerstroemia indica*）和吉祥草作为地被；南侧植物群落以银杏、浙江楠和枫香为上层，樱花、桂花为中层，春鹃（*Rhododendron simsii*）和吉祥草为地被；整个草坪空间结构清晰，层次分明，植物种类丰富。

　　季相上，春有樱花烂漫，白玉兰飘香，垂丝海棠娇艳；夏有广玉兰怒放；秋有银杏、无患子、枫香满树金黄，桂花十里飘香；再配以鸡爪槭和红枫的红叶随风摇曳，令人流连忘返。色彩上，以草坪的嫩绿色为基调，春季有粉红色的樱花，纯净的白玉兰和红色的垂丝海棠点缀；秋季有银杏、枫香和无患子的满树金黄，红枫和鸡爪槭红彤彤的秋色叶作美化；构成一幅美妙的画面，给人以视觉的盛宴（陈继卫，2010）。

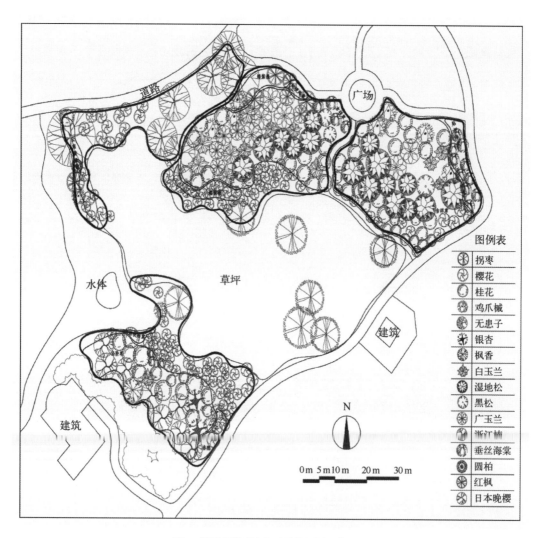

图4 柳浪闻莺"日中不再战"草坪平面图

案例5 花港观鱼藏山阁草坪

主要植物及特征见表5。

表5 花港观鱼藏山阁草坪主要植物种类及其特征

植物种类	科	属	数量	生活型	类型	观赏期
雪松	松科	雪松属	2	乔木	常绿	四季
广玉兰	木兰科	木兰属	6	乔木	常绿	春末
二乔玉兰	木兰科	木兰属	3	乔木	落叶	春季
珊瑚朴	榆科	朴属	1	乔木	落叶	春秋季

（续表）

植物种类	科	属	数量	生活型	类型	观赏期
薄壳山核桃	胡桃科	山核桃属	2	乔木	落叶	春夏季
沙朴	榆科	朴属	2	乔木	落叶	春夏季
樱花	蔷薇科	李属	22	小乔木	落叶	初春
桂花	木犀科	木犀属	33	小乔木	常绿	秋季
枸骨	冬青科	冬青属	1	灌木	常绿	四季
山茶	山茶科	山茶属	3	灌木	常绿	冬春季
美人茶	山茶科	山茶属	6	灌木	常绿	冬季

藏山阁草坪位于花港观鱼苏堤入口，主景藏山阁位于太湖石堆砌的假山上，掩映在层次丰富的常绿树丛之中。该组景观位于藏山阁西侧，其突出特色在于前景、中景、背景层次清晰，季相分明，色彩丰富（见图5）。绚丽多姿的樱花作为前景，珊瑚朴（*Celtis*

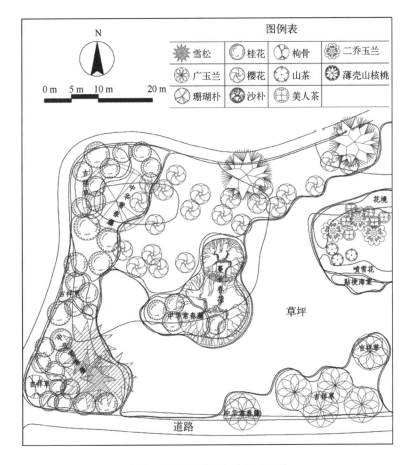

图5 花港观鱼藏山阁草坪平面图

julianae)、沙朴(*C. sinensis*)清晰可辨的枝干是适宜的中景,常绿小乔木桂花形成恒定的深色背景(李钰,2005)。

　　配置上,22棵樱花以两株或三株一丛的形式片植在草坪西北侧,待初春盛开时,玉树琼花、堆云叠雪,甚是壮观。另外在樱花林的西侧配合一棵高达十几米的珊瑚朴、南侧搭配2棵沙朴、北侧道路边缘栽植2棵薄壳山核桃(*Carya illinoensis*),形成对比与均衡的完美协调。该群落以落叶为主。西侧草坪边缘,雪松(2棵)和桂花(33棵)组成的常绿植物为背景,樱花林为前景,不仅能陪衬出樱花的姿态美,也避免了樱花凋谢后景观的单调。层次上,以高大乔木珊瑚朴、沙朴、薄壳山核桃作为上层,拔高林冠线,敦实稳重;以观花小乔木樱花为中层,并以常绿的桂花作陪衬;下层搭配应时草花吉祥草和中华常春藤(*Hedera nepalensis* var. *sinensis*);层次分明,趣味盎然。季相上,春有满树烂漫,如云似霞的樱花,美观典雅、清香远溢的二乔玉兰(*Magnolia* × *soulangeana*);秋有清香扑鼻的桂花;冬有花姿丰盈,端庄高雅的山茶花(*Camellia japonica*),结合视野开阔的草坪,不失为一处赏心悦目之所。色彩上,在亮绿色的草坪上,粉红色的樱花同暗绿色的背景树桂花、紫红色的二乔玉兰同亮绿色的美人茶形成色彩的对比;林缘白色的喷雪花(*Sorbaria sorbifolia*)、红色的倭海棠(*Chaenomeles japonica*),使整个景观空间活跃起来,巧妙地完成了乔、灌、草之间的过渡衔接,构成一道协调、优美的风景。

案例6　太子湾望山坪草坪

　　所选案例空间是太子湾公园樱花和郁金香的重要景点之一,每年春季满树繁花的樱花和大片郁金香竞相开放,引得大批游人驻足观赏。该空间总面积约为 8 623.8 m²,由草坪西北、西南和东北侧的3个植物群落构成半开放空间(余汇芸,2010)。主要植物及特征见表6。

表6　太子湾望山坪草坪主要植物种类及其特征

植物种类	科	属	数量	生活型	类型	观赏期
湿地松	松科	松属	3	乔木	常绿	四季
鹅掌楸	木兰科	鹅掌楸属	15	乔木	落叶	秋季
乐昌含笑	木兰科	含笑属	12	乔木	常绿	四季
白玉兰	木兰科	木兰属	2	乔木	落叶	春季
日本樱花	蔷薇科	李属	79	小乔木	落叶	初春
桂花	木犀科	木犀属	36	小乔木	常绿	秋季
红枫	槭树科	槭树属	2	小乔木	落叶	春秋季
石楠	蔷薇科	石楠属	23	小乔木	常绿	四季
无刺枸骨	冬青科	冬青属	45	灌木	常绿	四季
红花檵木	金缕梅科	檵木属	40	灌木	常绿	四季

配置方面：西北侧以片植的桂花林为基调，上层搭配乐昌含笑拔高天际线，形成以常绿植物为主的群落，由于密实度较高可作为背景，群落边缘再配置日本樱花、白玉兰和红枫等景观树种，使整个群落层次饱满、季相丰富；东北侧以落叶乔木鹅掌楸（*Liriodendron chinense*）为主，中层搭配石楠（*Photinia serrulata*）、日本樱花形成以落叶植物为主的群落景观，与西北侧植物群落相呼应；西南侧主要是成片的樱花林，局部点缀湿地松和红花檵木，形成较为单一的群落景观，作为以上两个植物群落的衔接过渡，使整个草坪空间协调统一。见图6。

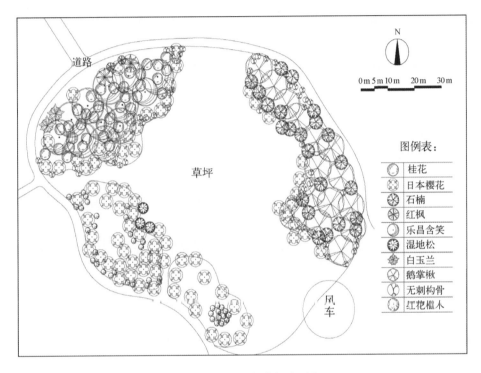

图6　太子湾望山坪草坪平面图

层次方面：西北侧群落以乐昌含笑作为上层，中层由白玉兰、日本樱花和桂花构成，下层为无刺构骨，并搭配地被植物吉祥草、郁金香和四季草花等。东北侧群落上层是鹅掌楸，中层为石楠和日本樱花，下层为无刺构骨，并搭配地被植物阔叶麦冬（*Liriope platyphylla*）和郁金香（*Tulipa gesneriana*）等。西南侧群落上层为湿地松，中层为成片散植的日本樱花，下层为红花檵木，并搭配地被植物郁金香和石蒜（*Lycoris radiata*）等。

季相方面：为突出春季季相景观，在植物种类选择上，选用日本樱花进行片植，并选用乐昌含笑（*Michelia chapensis*）、桂花、鹅掌楸和白玉兰等树种进行空间营造。春季，日本樱花，满树粉红色的花朵如云似锦；白玉兰花洁白、美丽且清香。秋季，丹桂飘香，沁人心脾；鹅掌楸满树金黄，增添了几分秋意。

案例7　花港观鱼悬铃木草坪

主要植物及特征见表7。

表7 花港观鱼悬铃木草坪主要植物种类及其特征

植物种类	科	属	数量	生活型	类型	观赏期
悬铃木	悬铃木科	悬铃木属	7	乔木	落叶	春夏秋
合欢	豆科	合欢属	6	乔木	落叶	秋季
樱花	蔷薇科	李属	37	小乔木	落叶	春季
二乔玉兰	木兰科	木兰属	4	小乔木	落叶	春季

该空间以东西走向园路将大草坪空间分别南北两部分,北部景观空间由常绿植物香樟和桂花林、合欢(*Albizia julibrissin*)和悬铃木(*Platanus orientalis*)围合而成。西北侧香樟和桂花组成的片林景观,既是南部草坪空间的生态屏障,又能作为该区域的常绿背景,分别通过配置合欢和悬铃木丰富该区域的林缘线和天际线(见图7)。

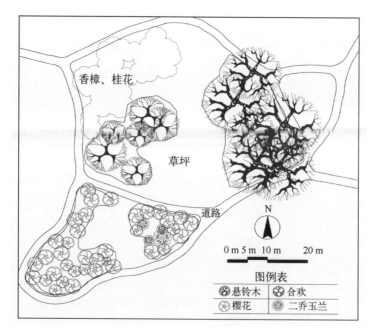

图7 花港观鱼悬铃木草坪平面图

南部是以樱花为主,樱林围合的草坪空间,植物选择上较为单一,整个空间除东侧点缀四株二乔玉兰外,其余皆为樱花。通过樱花的不同组合形式,整个空间分割自然、季相统一。不足之处在于,樱花品种、色彩单一,姿态、高度太过统一,如果能在空间重点部位选取一些体量、姿态更为上乘的植株,或选用不同花期、花色的品种进行组合配置,待花开时节,此起彼伏,姹紫嫣红,则樱花景观更佳。

季相上,春有烂漫樱花潇洒飘逸,二乔玉兰皎洁晶莹、灿烂夺目;夏有合欢绒花吐艳,十分美丽;考虑到秋、冬季景观,背景选择常绿的香樟、桂花等,厚实而又醇香。

2.3 水景空間

案例8 太子灣珠簾壁東側林下空間

主要植物及特征見表8。

表8 太子灣珠簾壁東側林下空間主要植物種類及其特征

植物種類	科	屬	數量	生活型	類型	觀賞期
香樟	樟科	樟屬	2	喬木	常綠	四季
麻櫟	殼斗科	櫟屬	14	喬木	落葉	春夏
構樹	桑科	構屬	1	喬木	落葉	春夏
朴樹	榆科	朴屬	1	喬木	落葉	春夏
楓香	金縷梅科	楓香屬	3	喬木	落葉	秋季
山櫻花	薔薇科	李屬	28	小喬木	落葉	初春
桂花	木犀科	木犀屬	8	小喬木	常綠	秋季

該場地是以溪流、跌水瀑布為特色的親水空間，滿足遊人拍照、戲水等活動需求。該處水面最大跨度約13 m，最窄處約為8 m。水邊道路較窄，最寬處為3 m，最窄處為1 m（余匯蕓，2010；劉延捷，1990），見圖8。

主要植物種類有香樟、楓香（*Liquidambar formosana*）、麻櫟（*Quercus acutissima*）、構樹（*Broussonetia papyifera*）、櫻花、雲南黃馨（*Jasminum mesnyi*）、紫藤（*Wisteria sinensis*）等。層次上，常綠喬木香樟和落葉喬木構樹、朴樹（*Celtis sinensis*）和麻櫟構成上層，山櫻花和桂花為中層，雲南黃馨和紫藤為下層。季相上，春有櫻花、雲南黃馨盛開，如雲似霞；秋有楓香、麻櫟、構樹黃色或紅色的秋色葉，與清澈見底的溪流相映襯，成為重要的秋色葉觀賞區。色彩配置上，以綠色為基調，不同時節分

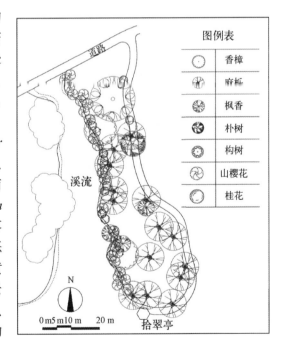

圖8 太子灣珠簾壁東側林下空間平面圖

別以粉紅色的山櫻花、紫色蝶形的紫藤花、楓香和麻櫟的色葉等進行點綴，櫻花枝條倒影在水面，待櫻花花瓣散落時，呈現落花流水的意境。

3 结论与讨论

通过对杭州樱花类植物应用比较普遍的4个公园8处典型植物景观空间进行了调查分析,研究表明:

(1)樱花在杭州园林中常与建筑、草坪、溪流等园林要素结合,以衬托建筑成为点景、连接乔木林与草坪而成为片景、溪流旁边成排应用而成为主景等三种形式。

(2)杭州园林中樱花应用种类较少,以日本晚樱、樱花、日本樱花三种为主,建议增加早樱(*Cerasus subhirtella*)、福建山樱花(*C. campanulata*)、'白菊樱'(*C. jamasakura* 'Haguiensis')、'绿樱'(*C. incise* 'Yamadei')、'八重红垂枝'(*C. subhirtella* var. *pendula* 'Plena-rosea')、'关山'(*C. serrulata* var. *lannesiana* 'Sekiyama')、'红叶樱'(*C. sargentii* 'Rehder')、'一叶樱'(*C. serrulata* var. *lannesiana* 'Hisakura')、'普贤象'(*C. serrulata* var. *lannesiana* 'Albo-rosea')等观赏效果较好的种和品种在园林应用。

(3)在进行樱花园林配置设计时,缺少对樱花生态习性的考虑,群落结构相对简单,部分配置过密。樱花是喜光树种,建议优化配置密度和群落结构,增加二月兰、紫花地丁、毛茛、婆婆等地被植物,丰富群落结构和景观色彩。

樱花类植物在园林配置时,要充分利用樱花和背景植物的生物学特性,做好樱花与背景植物的配置,既要考虑各自的观赏价值,更要考虑配置后的观赏效果,樱花与其他园林植物搭配时,应着重考虑自身营建的主旨,突出文化内涵。

参考文献

[1] 王铖,朱红霞,周汉其. 我国冬季开花植物资源研究进展[J]. 河北林业科技,2007,(3):29-32.

[2] 朱红霞,王铖. 我国冬季开花植物资源及园林景观营造研究[J]. 山东林业科技,2006,(6):71-74.

[3] 时玉娣. 樱属品种资源调查及分类研究[D]. 南京林业大学,2007.

[4] 黄月华. 杭州花港观鱼公园植物景观分析[D]. 浙江大学,2009.

[5] 陈继卫. 西湖园林中鸡爪槭与红枫造景研究[D]. 浙江大学,2010.

[6] 李钰. 植物造景案例研究[D]. 浙江大学,2005.

[7] 王小如. 杭州植物园植物景观分析[D]. 浙江农林大学,2010.

[8] 余汇芸. 杭州太子湾公园游人分布与行为研究[D]. 浙江农林大学,2010.

[9] 刘延捷. 太子湾公园的景观构思与设计[J]. 中国园林,1990,6(4):39-42.

上海闵行体育公园千米花道
樱花景观营造与思考

张庆贲　夏　櫺

（上海辰山植物园，上海　201602；上海市园林科学研究所，上海　200232）

摘要： 上海闵行体育公园千米花道是21世纪上海首次以樱花为主题营造的知名春花景观。本文介绍了该千米花道的设计思路和手法，并通过建成8年后的跟踪调查，总结以樱花、垂丝海棠为主景的夹道景观营造的植物品种选择与配置方式，探讨樱花景观结构优化途径，并对目前大规模樱花植物景观营造现象提出看法。

关键词： 花道；樱花；垂丝海棠；夹道植物景观配置

　　樱花作为春季的优良观花植物，已经成为美丽春天的重要象征，深受市民喜爱，樱花在园林春花景观营造的地位和作用也越来越高。樱花夹道景观是樱花应用的重要方式，也是最受市民喜爱的樱花景观之一。如日本东京北之丸公园的"千鸟渊樱道"，以一条400 m长的樱花道以及800株染井吉野樱与山樱而闻名；而日本北海道静内町的"二十间道路"，樱花道长约8 km，路两侧栽植以"大山樱"为主的约1万株樱花，形成日本最长的樱花之路，极尽壮观与浪漫。我国无锡鼋头渚景区长春桥、武汉东湖樱花园、昆明圆通山等也都营造了优美樱花夹道景观（张艳芳，2008）。

　　为了调整上海外环线绿带的植物群落功能，营造上海闵行体育公园的特色植物景观。2004年，对闵行体育公园内原100 m外环线林带进行植物群落改造，改造长度近千米，呈带状分布，以春花景观为主题，故称"千米花道"，并以樱花和垂丝海棠为主景植物，营造樱花夹道景观。

1　场地特征

　　千米花道位于闵行体育公园东南侧，紧靠外环线（S20），改造面积36 356 m²。原林带主要以香樟林、意杨林、女贞林、悬铃木林等为主，植物群落结构以单一树种块状混交，以生态防护和隔离功能为主。随着闵行体育公园的规划建设，该林带植物景观与新建公园格调不太符合；同时，为了更好地满足周边居民对高品质植物景观的需求，在原有外环林带基础上进行改造，营造以观赏早春观花植物为特色的新景区，突出樱花和垂丝海棠景观，提升绿带的观赏功能。

2 设计思路

根据外环林带的立地条件特征和选择性保留原有林分的要求，因地制宜地进行改造设计，重点保留毗邻外环线的森林群落，在发挥生态隔离功能的基础上，也为花道创造良好的林带背景和林缘线；同时，以生态相似性为基础，营建适应上海生境、能正常生长发育的早春观花植物景观，重点选择观赏性突出的品种进行种植，充分发挥和展示优良园林植物品种的色彩、姿态、季相景观和群体美。

3 空间布局

根据现状的河流分割，将千米花道设计区域分为A、B、C三个区。

A区改造面积最大，并对几块林地进行完全调整，以满足樱花、垂丝海棠等观花植物大面积成片种植的需要。按照自然式的整体格局，以自然式的种植形式，体现规模性和突出整体效果的设计思想，形成区域植物造景的群体美。

B区面积相对较小，利用原有规则式道路的空间布局，按规则式种植方式，并栽植郁金香等宿根花卉，凸显植物花卉色彩的丰富变化和规则式的视觉效果。

C区保留原有的花境和香樟林等，由于保留的植物将空间分割较多，通过配置较多的春花植物品种，展现该区域春花的丰富多彩和色彩斑斓。

总之，三个区域空间的植物造景既体现各自的表现特征，又通过主体的早樱、垂丝海棠、紫荆等早春观花植物连成整体，结合蜿蜒的园径，形成既有丰富的视觉变化又有整体规模的春花植物景区，尤其是樱花夹道景观。

4 植物选择

营造夹道型植物景观，适宜的品种是关键。千米花道规划以樱花为主体的夹道景观，植物品种选择包括主景树种和衬托观赏植物。

主景樱花以东京樱花等早樱为主，选择树体高大，树形开张健壮，枝干向外伸长，小枝斜生的植株，尤其突出花期集中，着花率高，开花繁密的品种。

根据早樱的花期，配置花期相似的观花植物，作为配景植物。主要选择垂丝海棠、西府海棠、梨、红运玉兰、碧桃、寿星桃、紫荆、丁香、喷雪花、贴梗海棠、榆叶梅、红花檵木、美国连翘、地中海荚蒾、山茶、紫玉兰等观花植物。同时，利用一些早春小乔木或灌木新叶的亮丽红色或紫红色,如红枫、红花檵木、红叶石楠、山麻杆等,更好地衬托和点缀樱花、垂丝海棠等粉白和粉红色彩,使植物景观更加丰富多彩。

5 樱花植物景观配置

千米花道樱花植物配置突出带状规模化和景致立体化特点,选择最具代表性的东京樱花等早樱、垂丝海棠为主景植物,再选择若干观花植物为点景和衬托,主次明晰,形式简洁,花色美观,但应控制点景植物数量,以免喧宾夺主。

在植物配置中,利用花道外侧香樟林、女贞林、意杨林等原有保留林带为背景,以早春观花植物品种为主体的植物群落为构景主体,并在部分地块适当增加郁金香、风信子等宿根花卉,形成花团锦簇、色彩缤纷的带状植物景观。比较典型的樱花配置方式主要采取单一群植樱花为前景、垂丝海棠为前景及樱花为后景、樱花群植而林缘栽植喷雪花等配置形式,形成以樱花为主景的高低错落、疏密有致的春花景观。经过8年的生长发育,目前典型的樱花群落形成了比较稳定的结构。

5.1 东京樱花与喷雪花林

为了丰富观赏效果,在夹道樱花林两侧边缘,栽植喷雪花,由于花期与早樱一致,花朵密集,花白如雪清雅,枝条纤细开展,自然下垂,呈曲弧形,开花高度在樱花花枝下部,樱花高度在6~7 m,开花高度约2.5~6.0 m,而喷雪花植株低矮,高度约1.5~2.5 m,开花高度约0.3~2.5 m,弥补了樱花枝干空旷的景观,高低呼应,刚劲与阴柔相伴,形成立体的繁花景观,极大增强了花卉的视觉冲击力,见图1。

图1 东京樱花与喷雪花配置景观

5.2 垂丝海棠与东京樱花林

以垂丝海棠为前排,一般3~5排,平均高度2.5~3.0 m,地径10~12 cm,株间距约2.5 m,冠幅3 m×3 m,植株开花垂直高度约0.7~3.0 m;东京樱花为后排,一般4~5排,平均高度约6~7 m,地径20~25 cm,株间距2.5~3.0 m,冠幅4 m×5 m,植株开花垂直高度2.5~7.0 m。从观赏效果看,樱花4排(宽度约8~10 m)左右,全景观赏效果较好,而5排左右(宽度15 m左右)樱花观赏效果略差,这与前景垂丝海棠视觉遮挡有关,见图2。

图2　垂丝海棠与东京樱花配置景观

5.3 东京樱花林

采取单一樱花块状栽植,平均株行距约3 m,植株高度约5~6.5 m,地径约15~20 cm,冠幅约4 m×4 m,开花高度约2.0~7.0 m。同时,林下栽植麦冬、吉祥草等地被,见图3。

6 结论与建议

6.1 千米花道营造经验

上海闵行体育公园千米花道建成以后,成为闵行区最知名的樱花和垂丝海棠景区,也成为当时上海实施春景秋色工程的重要成果,获得业内专家的好评和市民的喜爱,在樱花盛开的季节,日游客量常达万人,取得了良好的景观效果和社会效应。

图3　东京樱花纯林景观

千米花道植物景观营造成果得益于花道3个区域的合理呼应,也得益于原有林带的适度保留,加上垃圾填埋场经改造而成的翡翠山背景,形成了开阔的地势和较好的景观背景;同时,突出早樱和垂丝海棠主题,尤其是改变了简单种植单一花卉的形式,在确保带状规模化夹道栽植的基础上,通过同一花期植物和春色叶植物的群落化应用,强化了立体化的花卉景观,游客能在赏花过程中体验立体赏花空间,提高了春花景观的视觉震撼力。

6.2　千米花道调整与提升建议

闵行体育公园千米花道景观建成已经8年了,除了正常的养护工作外,几乎没有进行更多的调整和改造,基本保留原有的设计格局和植物配置。作为当年的设计者,我们一直在进行跟踪观察,从植物群落结构优化和植物景观功能提升角度,还应进一步优化提高。

由于意杨背景树还占较大比例,樱花盛开时期还未展叶,与早樱和垂丝海棠的色彩对比度远不如雪松、柏树、香樟、广玉兰等常绿大乔木,影响了视觉效果,尤其在雾霾天气和阴天。

千米花道突出了园径的夹道景观,但对众多的河道,缺乏樱花的配置,如能因地制宜地结合现有的整形红叶石楠、红花檵木色块或造型球等,增加东京樱花、垂枝樱等品种,利用花枝一斜一垂的效果,可增添河岸植物景观韵味。

目前,千米花道樱花的密度偏大,植株冠幅交错重叠生长明显,不仅影响了群体内的通风透光,也不利于植株的正常发育和枝条伸长,降低了花景观,需要适度抽稀。采取的修剪养护也应将樱花、垂丝海棠、喷雪花等作为整体修剪,确保树冠的统一与变化,增强整体的观赏效果。

6.3 樱花景观营造存在的问题与建议

值得指出的是,目前樱花的应用越来越多,且将樱花作为绿化亮点、区域品质与形象的重要手段,栽植范围和面积越来越大,但也不乏一些违背樱花生物学和生态学习性、樱花造景美学特征的现象,比较典型的是苗圃式或造林式栽植,采用单一品种、单一规格、单一栽植方式,进行大规模种植,企图以多取胜,片面追求"花海"效果,忽视了樱花应与周边环境(如地形、河流、池塘、湖泊、背景林、地被等)的协调和呼应。植物观赏价值低下,更易导致种群过度竞争,影响生长势,导致病虫害猖獗,影响樱花林的健康发展。

事实上,一些知名的樱花景点,如杭州太子湾樱花景观,樱花数量未必最多,但品种的植株形态和着花优良,尤其是充分利用了溪流、草坪和山体等元素,巧于因借,收放相宜,意境隽永,有限的樱花林成为步移景异、丰富多彩、玩味无穷的游赏空间,造就了樱花胜景,实现了传统造园艺术和现代美学的和谐统一(刘延捷,1990; 刘晓莉,2012)。

参考文献

[1] 刘延捷.太子湾公园的景观构思与设计[J].中国园林,1990,6(4):39-42.

[2] 刘晓莉.14个樱花品种观赏性状综合评价和樱花园林应用研究[D].浙江农林大学硕士学位论文.2012.

[3] 张艳芳.营造樱花夹道景观的品种选择[J].南方农业(园林花卉版),2008,2(12):32-35.

云南樱花旅游与保护性开发研究
——以昆明动物园"圆通花潮"为例

钮建然　曹琦霞

（昆明动物园，云南　昆明　650021）

摘要：樱花旅游是一种充满艺术文化品味和科普教育的休闲体验活动，可以让人们在欣赏樱花的同时认识大自然，并激发保护大自然的意识。昆明动物园的樱花旅游文化活动具有独特的历史文化背景。本文对昆明动物园"圆通花潮"的樱花文化进行探究，提出自然资源与传统文化的保护行动，并从旅游体验的角度，对"圆通花潮"文化开发提出理论指导，让云南樱花旅游产业长效可持续发展；让樱花旅游内涵深邃、内容丰富、形式多样、风格独特；让"圆通花潮"文化世代传承。

关键词："圆通花潮"；云南樱花；保护性开发；昆明动物园

1　昆明动物园樱花旅游活动概况

1.1　"圆通花潮"景观

极富自然之美的云南是旅游大省，省会昆明有着"春城"的美誉，位于市中心的圆通山，昔称螺峰山，因"山色碧如螺髻"而得名。1953年，昆明动物园建于圆通山上，又名圆通动物园，总面积约26 hm^2，现展出200多种云南特产动物及国内外珍稀动物，是全国十佳动物园之一，年游人量达到350万人次。其中，花潮、动物、古寺，尤为吸引人。

公园虽在城区，却有着浓厚的山野气息，山上怪石峥嵘，林木苍翠，错落有致，清新俊逸。绿化面积达80%以上，园中遍植名贵花木，初步形成春、夏、秋、冬四个花区。特别为人称道的是春花区，位于山北斜坡中段，植有樱花、垂丝海棠数千株。千树群发的云南樱花，绯红溢彩，把圆通山装点得灿若红霞，"圆通花潮"景观吸引着各地的游客，成为我国著名的赏樱盛地。

阳春三月，赏樱花也是昆明人的一大乐事。在樱花盛花期，从早晨到黄昏，其遍布山间的樱花与传统古典建筑，使人流连忘返，公园内真是花如海、人如潮。

昆明人上圆通山赏樱花的盛况已持续几十年，近年赏樱花的人数已达100多万人次，且呈逐年上升趋势。"圆通花潮"成为昆明十六景之一（刘扬武，2004）。

云南櫻花树姿洒脱伸展,色形俱佳,株株气度不凡。花苞长满树枝宛如无数红宝石。盛开时花朵一串串悬挂在枝条上,每3朵至6朵合成无梗花簇,或者成为有梗的总状花序,花密而艳丽,满树皆花。

2003年3月在櫻花区入口处,立有一双面墨石凹刻碑,正面镌刻散文《花潮》节选,背面为李广田先生生平介绍。"春光似海 盛世如花"之名言便是对圆通花潮景观的绝佳赞美。

1.2 昆明动物园的櫻花节

昆明动物园的櫻花节在省内旅游产业中具有相当分量,对于外地游客而言,到昆明不看云南櫻花是憾事,带有民族风情和地方特色的櫻花节也吸引国内外游客。

昆明动物园自2000年起开始举办櫻花节,至今年已经成功举办十四届。春季的昆明,从2月下旬到3月中下旬均是赏櫻的绝佳时期。进入公园,一路由东至西,沿着櫻花轴线推进到哪里,櫻花就轮番张扬到哪里,热闹的櫻花区也大范围延伸。櫻花从绽放到凋谢只有7天,一旦遇到下雨、下雪,灿烂的櫻花翌日就落櫻纷飞,虽然花期短暂,爱花之人还是热热闹闹地从四面八方赶来赏櫻,特别是"三八节",昆明人都有圆通赏櫻的习俗。櫻花虽然花期短,但开放有先后,每年的2月底至3月中旬约1个月的时间,被定为"圆通山櫻花节",人们选择在这个时候出游赏櫻,同时也是感受自然之美,体验春之烂漫,放松身心的绝好时刻。"三八节"这天,绝大多櫻花都已经开放,而早期开放的櫻花也未全谢。很多市民会与家人结伴同行,在櫻花树下感受春天的到来,领略櫻花美景(刘扬武,2004),见图1。

图1 圆通山櫻花节

近几年的樱花节,随着旅游节事活动的良好策划,樱花节大量融入文化内涵,更具云南民族特色、地方特色;更具赏花美好活动体验,给游客以美好的回忆。在保持传统特色的基础上,吸收时尚元素,丰富樱花旅游文化活动内容,提高旅游质量,增加活动情趣,吸引更多的游客参与其中。樱花节系列庆祝活动,包括地方特色美食、民间手工艺品、歌舞、"花为媒"相亲会、游园、庙会、科普宣传等,精彩纷呈的文化娱乐活动,可以满足不同消费档次、消费偏好、不同游园时段的游客需要,让所有游客都会沉浸到观赏云南樱花的氛围之中(李炜民,2012)。

2 云南樱花资源

2.1 植物王国的特产——云南樱花

樱花(*Cerasus spp.*)一般早春开花,盛花时灿若云霞,谢花时落英缤纷,极富浪漫气息。而今栽培的樱花广布世界各地,以日本樱花最负盛名。据《樱大鉴》记载,樱花的传播像所有生物一样呈放射性传播,云南与喜马拉雅地域相近,自是最早受惠地区之一。我国有丰富的樱花资源,以西南地区种类最多,只不过许多樱花资源鲜为人知,未得到广泛利用而已。在云南就有一种极富特色的樱花——云南樱花(*Cerasus cerasoides*)。云南樱花自古以来就闻名天下,它是由原生腾冲、龙陵一带的苦樱桃演变而来,是一个变种,花由单瓣变重瓣,色由淡粉红色变深粉红色(关文灵,2004)。

云南樱花又名苦樱桃、箐樱桃、云南欧李、高盆樱桃,落叶乔木,高4~10 m;小枝幼时被短柔毛,渐变无毛。叶互生,卵状披针形或长圆状披针形,长8~12 cm,宽3.2~5 cm,先端长渐尖,基部圆钝,边缘被锐重齿或单锯齿,齿端具小腺体,两面均无毛;叶柄长1.2~2 cm,无毛,先端具2~4个腺体;托叶线形,基部羽裂并被腺齿,早落;伞形花序,具1~5朵小花,常先花后叶或花叶同放;花梗长1~2 cm,结果时延长达3 cm;萼筒钟状,红色;花淡粉红色,直径2~2.5 cm。核果卵圆形,长1.2~1.5 cm,红色至紫红色,先端尖,核圆卵形,先端具喙。花期2~3月,果期5~6月,原产云南西南部腾冲、梁河;生长于海拔1 350~1 800 m的常绿阔叶疏林中或沟旁向阳处,早春时节红花点缀于山间,春意盎然。和日本樱花相比,它喜欢温暖的气候,不太耐寒,冬季寒冷地区不宜种植,适宜我国西南和华南地区栽培(张家仁,2010)。

常见栽培的是云南樱花的园艺变种重瓣云南樱花(*Cerasus cerasoides* var. rubea),又称红花高盆樱花,乔木,树型开展,伞形,树皮灰褐色,皮孔横向较密,幼枝灰棕色,无毛,分枝较密;幼叶棕褐色,两面无毛,花先叶开放,伞形花序,着花2~5朵;花色紫红,半重瓣,垂枝,花冠浅杯状,花径中等2.5~3.3 cm,花瓣20~22枚,常有雄蕊变瓣(即旗瓣)1~2枚,花瓣先端凹裂,基部凸出,总梗较短,绿色。花芽深红色,花梗长1.5~2 cm,下垂,无毛,红色,花瓣卵形,长1 cm,宽0.8 cm,脉纹不明显,有旗瓣;萼筒钟状,深紫色,无毛,长0.3~0.4 cm,萼片直立,宽卵状三角形,无锯齿,长0.3~0.4 cm,宽0.2~0.3 cm,雄蕊25枚,雌蕊2枚,略高于雄蕊,花柱稀有毛,子房无毛,偶有雌蕊叶化现象。昆明地区2月底~3月初开放。原产云南海拔1 500~2 000 m,尼泊尔、不丹、缅甸也有分布(顾军等，2005）。云南樱花性喜光；喜温暖湿润的气候；喜排水良好的酸性土，忌积水；在昆明可露地越冬，对城市环境有较好的适应性，可在城市园林中大力推广，可孤植、丛植于庭院、草坪边、水边或做行道树；盛花时红花满树，花团锦簇，更宜片植形成樱花专类园。目前在昆明及滇中、滇西的部分城市绿地中有较广泛的应用，在其他省则少见（关文灵，2004）。

2.2　昆明动物园云南樱花的由来及栽培历史

栽培云南樱花最盛的要数昆明，昆明圆通山的樱花就是重瓣云南樱花，每年盛花时节都要吸引大量的游客，盛况空前，"圆通花潮"也因此成为"昆明十六景"之一。另外，昆明还将云南樱花用于街道绿化，建成了樱花大道，成为昆明的亮丽风景线。

圆通山上的云南樱花始种于1927年，后几经兵燹，所剩无几。1953年圆通山建成动物园，20世纪60、70年代，公园大量繁殖栽培云南樱花，但因苗圃面积有限，便与宜良万家凹花园合作繁殖了许多云南樱花到园内栽种；园内的垂丝海棠也在同一时期大量繁殖栽培，而且从翠湖、东风广场、工人文化宫等地也移栽过较大苗木入园。70年代，为营造"垂丝海棠—云南樱花—日本樱花"这样一个春花延续景观，在大型动物区栽种了一片日本樱花（现存仅9株）；2004年又在樱花区西侧、唐坟东侧也先后栽种了约200株日本樱花。多

图2　圆通山云南樱花景观

图3　圆通山的云南樱花景观

年来，动物园每年都对云南樱花及垂丝海棠进行更新、补种、不断扩大栽种面积，形成了海棠道及樱花区，根据自然地势高低，分成上、中、下三台种植，樱花海棠互相映衬，灿若红霞。

1991年为迎接中国第二届艺术节，新种樱花250株，延长樱花道100 m；新种垂丝海棠200株，延长垂丝海棠道150 m。至1999年12月，已有樱花370株，垂丝海棠902株，樱花区扩至大方亭，海棠道由猴山至大象房。樱花区入口地面采用彩色砖铺砌，拓展成彩色广场；广场一角石山上镌刻"圆通花潮"四个大字。至2011年底已有云南樱花560株、垂丝海棠1 200株、日本樱花205株。2012年结合昆明市城市景观提升改造，移走了近100株日本樱花，公园内扩大云南樱花的栽种面积，新栽云南樱花250株。

据2013年3月统计，园内目前栽植云南樱花810株，日本樱花110株，冬樱花50余株，垂丝海棠1 200株，赏花区占地面积5 000 m²，占整个公园面积的1/5。

经过昆明动物园园林职工多年的精心管理与栽培，圆通山上的云南樱花享誉海内外，同行纷纷效仿，大量嫁接培育，广植云南樱花，见图2、图3。

3 云南樱花文化探究

3.1 云南人的樱花情结

昆明人赏樱活动由来已久,著名散文家、诗人李广田先生,于1962年曾为圆通花潮专门在《人民日报》上发表写过一篇脍炙人口的散文《花潮》。文中这样写道:"这几天天气特别好,花开得也正好,看花的人也就最多。'紫陌红尘拂面来,无人不道看花回',办公室里,餐厅里,晚会上,道路上,经常听到有人问答:'你去看海棠没有?''我去过了。'或者说:'我正想去。'到了星期天,道路相逢,多争说圆通山海棠信息。一时之间,几乎形成一种风气,甚至是一种压力,一种诱惑,如果谁没有到圆通山看花,就好像是一大憾事,不得不挤点时间,去凑个热闹。"由此可见早在20世纪60年代,昆明人就有邀约亲朋好友到圆通山上赏樱的习俗。

昆明人对云南樱花有着深厚的情结,昆明人热爱云南樱花,可把樱花作为与市花云南山茶并列的城市象征。以樱花命名的街道、车站、楼盘、商标、餐饮、娱乐层出不穷。文学家写咏樱诗,画家绘樱花图,音乐家谱赞樱曲,摄影师捕捉樱花美丽的瞬间。每年樱花节期间,广播、电视台以樱花为主题的栏目及新闻比比皆是,某些专栏还跟踪报道云南樱花的开放动态……樱花的魅力和影响力可以说渗透到社会生活的多个领域(石金莲,2007),见图4。

每年三八节前后,除了昆明本地游客,还有来自云南各少数民族自治州的旅游团队前来赏花,她们身着少数民族服饰,在樱花树下热情高歌、围成大圆圈,跳着民族舞蹈,樱花的繁华似锦预示着繁荣昌盛和农作物的丰收。众多游客加入少数民族歌舞的行列,樱花在枝头灿烂地笑,人群在花海尽情地跳,祈求丰收和神灵庇佑的歌舞回荡在花海之中,见图5。

图4　市民观赏樱花盛况

图5　樱花林下的民族歌舞

　　云南各少数民族始终对云南樱花有着格外的偏爱和崇敬，认为它是美和春天的代言者，樱花旅游以成为云南昆明旅游的品牌、昆明市文化的名片（何丽芳，2003）。

　　云南人如此喜爱云南樱花，究其原因有以下三个方面：一是符合云南少数民族的审美意识：灿若红霞的云南樱花热情开放，这与云南少数民族热情奔放、纯洁质朴的性格相对应。二是体现了民族团结的集体意识：一朵樱花微不足道，满树樱花就蔚为壮观。三是暗合农时节令：云南樱花盛花期刚好在惊蛰时节，大地复苏、天气回暖，春雷始鸣，地下的昆虫结束冬眠，樱花开放时播种稻子能保证丰收。所以，云南本土少数民族就这样酷爱着樱花（陈玲玲，2007）。

　　樱花的生命很短暂，一朵花从开放到凋谢大约为7天，整棵樱树从开花到全谢大约16天左右，樱花凋落时，不污不染，很干脆，因为美丽如此短暂，才使它有这么大的魅力。樱花凋谢时的情景，比起它开放时的美丽，更能激起人们来年再来赏樱花的情绪。

　　昆明动物园利用特有的自然资源，让大家领略云南的民族文化，云南樱花将打造成具有云南特色的民族之花，打造成承载云南民族文化繁衍的文化载体，把云南少数民族及老昆明许多珍贵的传统保留并传承下去。日本把樱花作为一种国花，保护它犹如保护自己的国家，这样的认识和态度，是我们所缺乏的。在对云南樱花文化深入了解之后，我们也应该对本土文化的传承有进一步的思考（蒋素梅，2005）。

3.2 樱花旅游活动的深层意义

樱花旅游是对欣赏自然界美丽事物的体验活动,表现出人与自然和谐发展和人们对大自然的尊重和赞美。

樱花旅游以分享体验为初衷,在樱花树下的结缘的知己一见如故、会心交流,共同分享自然的美好。

樱花旅游可以让人接受自然美的熏陶,云南樱花是自然演变进化的"艺术品",它能给人们带来感官和精神上的愉悦。

樱花旅游是打开自然的钥匙。赏花的同时,你会听到林间的鸟鸣,看见忙碌的蜜蜂在花间忙碌,会由赏花进而想知道身边物种的科学名称,了解它们的生态习性。赏花就像一把钥匙,开启人们从未接触或遗忘许久的大自然。

樱花旅游是有效的人格教育方式,少年儿童一旦懂得爱护自然、尊重自然的道理,长大成人以后,仍会保持爱心,善待自然。

樱花旅游让人们认识大自然,并激发出保护自然的意愿。在赏花的背后,有着人们对自然的感情和儿时的回忆,激发人们自觉自愿加入到保护自然资源的行列,樱花旅游将成为具有深层意义的生态旅游方式之一(叶文等,2006),见图6。

图6 樱花林下休憩

4 "圆通花潮"与非物质文化遗产

4.1 历史文化名城中的樱花文化

昆明是1982年国家首批公布的全国24座历史文化名城之一,在历史上曾有过辉煌和独特历史文化价值,但古城风貌的消失已成为无可挽回的事实,置身城中,人们已难以感受千年古城应有的景观、特色和氛围,唯有昆明人的一些传统、习俗、文化还在传承,能让人清晰地感知到它的悠久与文明。

延续了半个多世纪的"圆通花潮"文化,已经不再是一个简单的观花旅游体验活动,赋予它更深层的历史意义是一项非物质文化遗产的传承(袁国友,2001)。

4.2 "圆通花潮"申报非遗的构想

近几年,随着国家非物质文化遗产保护的升温,大家对非物质文化遗产表现出极大的关注和热情,但非遗保护注重的是精神内涵和突出的历史、文化、科学价值,不仅要求项目有典型性、代表性,带有鲜明的地域特色,在当地有较大影响,还必须具备在一定区域内世代传承、发扬光大的特点。

2005年,"圆通花潮"被列入市级非物质文化遗产名录,当地有关部门将通过不懈的努力,不断使这种代代相传的非物质文化遗产得到创新,同时使当地人具有一种认同感和历史感,促进文化多样性发展,激发人类的创造力,从而将"圆通花潮"非物质文化遗产保护传承下去。

5 云南樱花旅游的保护与开发

5.1 自然资源保护行动

5.1.1 加强云南樱花资源的宣传和栽培研究

云南还有尚未开发的野生樱花资源,应把科研和城市建设结合起来,开发培育本土野生樱花资源,在花事旅游活动中,向公众传达相关知识,让游客了解本土的野生樱花资源及相关知识,使公园成为市民的教育场所,提升城市公园的作用。

5.1.2 云南樱花资源采取有效的保护措施

(1)制定保护规划,在科学论证的基础上,制定保护计划,明确关保护的责任主体,明确保护范围,提出长远目标和近期工作任务。与此同时,还需加强周围生态体系的保护,保持较完整的区域,要有计划地进行动态的整体性保护。

(2)组织开展普查工作,全面了解和掌握云南省本土樱花资源的种类、数量、分布状况、生存环境、保护现状及存在的问题,及时向社会公布普查结果。

(3)设置专门的部门负责云南樱花的科学管养、大树复壮、花期检测、栽培管养咨询、生态保护教育等事务,致力于樱花的培植和养护,樱花民俗的保全,名树、大树的保存,樱花研究、以樱花为媒介的交流与合作等。2013年初,昆明动物园樱花区专门安装数个视窗,用于移动互联网《风景在线》,让大家在网站上可以随时看到云南樱花的开放情况,并随时监督公园的樱花管养及保护工作。

(4)云南樱花是昆明动物园的品牌,也是昆明市的名片,相关部门需通过各种途径提高公众保护意识,让大家自觉参与到保护行动中,宣传关于樱花的好人好事,及感动人心的真实故事。

5.1.3　植物景观资源合理规划

1）建设"圆通花潮"樱花景观区

"圆通花潮"樱花景观区是以展示搜花为主体的园林空间,旨在突出楼花的造景,深刻挖掘和宣传楼花的文化内涵,通过园林景观的规划设计与施工,创造出一个优美的游憩环境,丰富樱花专类园周边人群的休闲生活和精神生活,提升环境景观的质量和文化氛围,并且可以在园内进行樱花的科学研究、科普教育和保存优良的云南樱花品种等。云南樱花具有很好的观赏效果,尤其是它在春天如云似霞的壮丽景象和其所具有的独特的文化内涵,所以适合建设"圆通花潮"樱花景观区来展示它,见图7。

2）"圆通花潮"樱花景观区设计原则

(1)生态性原则。生态性的原则包含以下三个方面:一是全面贯彻生态园林的思想,以植物配置作为"圆通花潮"景观规划设计的重心,人造建筑物仅点缀于自然景观之中,从而充分发挥植物的生态作用,促进人与自然和谐共存(李瀚金,2012);二是在植物配置

图7　"圆通花潮"的樱花景观区

时,应当尽量保留和利用项目现场内已有的自然资源和景观资源,所选择的植物不仅要与周围的环境相协调、景观优美、无毒无害、植物类型多样化,还要能适应所在地的土壤、水文和气候等自然条件,使植物尤其是樱花能够健康生长;三是配置植物时要构筑一个具有层次性和循环性的可持续发展的自然生态系统,因地制宜地进行合理配置,保证了植物群落和景观的稳定,从而最大限度地发挥植物的生态效益和社会效益(祝遵凌,2010)。

(2)整体性的原则。整体性的原则是指在景观规划设计中要注意点、线、面相结合,形成一个有机的整体,点是景点,线是道路,面就是绿地,设计时要充分考虑这三者之间的相互补充和依托,使"圆通花潮"的景色和谐完美,形成一个统一的有机整体(王浩等,2009)。

(3)以人为本的原则。以人为本的原则是指充分考虑樱花节期间游客游园需要与行为特征,以此为设计的依据之一,满足游客在"圆通花潮"中进行文化及娱乐活动等需要,让游人从视觉、嗅觉、听觉、触觉、甚至是味觉等方面充分获得回归大自然、领悟樱花精神的美好享受。

(4)功能性的原则。功能性的原则是指要从设计上使"圆通花潮"景观区具备多种功能,最重要的功能之一便是对"圆通花潮"文化的传承与保护功能,此外还有满足游客进行文化活动、进行旅游体验等功能。

(5)特色性的原则。特色性的原则包含以下两个方面:一是"圆通花潮"景观规划设计要具有特色和地域文化,要立足于昆明城的文化背景,将樱花的文化内涵和现场的地域文化相结合来设计既与樱花有关,又具有地域文化特色的景点,从而使"圆通花潮"景区别于其他已经建成的樱花专类(刘桂玉等,2011)。

(6)节约性的原则。节约性的原则是指在设计中要因地制宜地进行造景,以自然野趣为主,使整个"圆通花潮"景区在美观的基础上实现低碳、环保、节约。

5.2 传统文化保护行动

5.2.1 挖掘提升"圆通花潮"文化内涵

"圆通花潮"旅游的传统性较强,有固定的时间和形式,凝聚着民俗文化的精华,是该地区民俗文化的集中体现。深度挖掘"圆通花潮"的民俗文化,不仅能使旅游者更了解云南少数民族的民俗文化,而且使他们在大众性的狂欢中受到感染和熏陶,获得情感的共鸣、交流,身心的愉悦,旅游体验自然会更加深刻。

"圆通花潮"的樱花文化发展前景广阔,对樱花文化、民俗文化进行一定程度的旅游加工,可增强旅游活动的参与性。通过良好的策划,提升"圆通花潮"文化内涵,使之更具云南民族特色、地方特色;更具赏花美好活动体验,给游客以美化的回忆;在保持传统特色的基础上吸收时尚元素,丰富樱花旅游文化活动内容,提高旅游质量,增加活动情趣,吸引更多的游客参与其中,见图8。

5.2.2 寻求樱花文化保护与城市现代化建设的平衡点

珍惜和保护文化遗产,既是城市现代化发展的前提和基础,也是城市现代化发展的重要组成部分。保护得很成功的文化遗产并没有影响城市现代化,只要找到了相互协调共同发展的平衡点,可以享受别人享受不到的文明(袁国友,2001)。

图8　时尚元素丰富樱花旅游活动

5.2.3　建立樱花文化保护的规章和规划

"圆通花潮"的樱花文化保护要取得成效,必须强化保护工作的权威性、规范性和科学性。虽然当地政府和相关部门在扩大"圆通花潮"景观规划方面做了许多工作,但在樱花文化保护方面,还存在着许多缺陷和不足。因此,要做好"圆通花潮"文化的保护工作,就必须建立"圆通花潮"文化专项规章和"圆通花潮"景观规划。

5.2.4　保护和开发有机结合

要把樱花文化的保护和云南樱花资源的开发有机结合起来,是当前国内外文化遗产保护的一条成功经验和有效的做法,特别保护开发与旅游经济的发展结合,成效更是显著。以有效的保护为开发的前提和基础,以合理的开发来促进有效的保护。

5.3　保护性旅游开发

以旅游体验进行旅游开发是保护"圆通花潮"文化的有效途径,随着文化旅游的兴起,旅游者的亲身参与使一些逐渐消失的传统文化被激活,重新走入人们的视野,提高大众对此项文化的认识。吸引更多的旅游者来体验"圆通花潮"文化,就更能增强人们对它的认识,并促使人们一起来关注和保护人类共同的财富(王红宝,2010)。

5.3.1　明确保护与开发的关系

开发利用"圆通花潮"文化及景观资源除了能发挥其价值外,还是一种对其很好的保护方式。保护是开发的前提与基础,开发是为了更好地保护,保护是为了传承,其目标是一致的,都是实现非物质文化遗产价值的活动方式。

5.3.2 以旅游体验作为开发的中心内容

随着旅游需求的不断发展,更多的旅游者寻求文化、情感、休闲的体验。"圆通花潮"文化是具有延续性和变化性的活态存在物,它不脱离民族特殊的生活生产方式,是云南民族个性、审美习惯的体现,并依托于人的本身而存在,是以一种"活"的文化,旅游者愿意主动去探索、去参与、去感受。

因此,以旅游体验作为"圆通花潮"旅游开发的中心内容是有效途径。对"圆通花潮"进行旅游开发,首先应考虑的要素是旅游者的需求,应充分考虑旅游者的个性和情感需求,开发适销对路的旅游产品。注重游客的个性和情感需求,使人性化不断深入,让旅游者对昆明人的文化氛围、传统习俗的感受和融入更加个性化。旅游体验对他们而言是独一无二的(王红宝,2010)。

在遵循"保护第一,保护重于利用"的基本原则的前提下,最大限度地保持"圆通花潮"文化的原真性,才能满足旅游者最佳旅游体验的需要。原真性既是非物质文化遗产稀有价值的表现,又是保护性旅游开发的基础和核心。该核心保护得好,旅游开发就会获得持续性的收益,反之,旅游开发只能获得暂时性的收益。

从旅游体验的角度对"圆通花潮"文化进行保护性开发,既能提高旅游者的满意度,又可以对这一文化进行有效的保护,促进当地经济、社会和文化的发展。

参考文献

[1] 刘扬武.圆通赏樱话樱花[J].花木盆景(花卉园艺),2004,(04):41.

[2] 李炜民.公园文化活动[M].北京:中国建筑工业出版社,2012:18-19.

[3] 关文灵.植物王国的特产樱花——云南樱花[J].中国花卉盆景,2004,(01):34.

[4] 张家仁.昆明园林植物绿化应用手册[M].昆明:云南大学出版社,2010:294.

[5] 顾军,苑利.文化遗产报告[M].北京:社会科学文献出版社,2005:20-129.

[6] 石金莲,王兵.北京玉渊潭公园樱花文化与休闲活动研究[A].中国花卉协会、东南大学、南京市人民政府.中国花文化国际学术研讨会论文集[C].中国花卉协会、东南大学、南京市人民政府,2007:3.

[7] 何丽芳.试论中国花文化与旅游开发[J].湖南林业科技,2003,(01).

[8] 陈玲玲.日本樱花旅游开发研究[A].中国花卉协会、东南大学、南京市人民政府.中国花文化国际学术研讨会论文集[C].中国花卉协会、东南大学、南京市人民政府,2007:4.

[9] 蒋素梅.对昆明花卉旅游产品开发的思考[J].昆明师范高等专科学校学报,2005,(02).

[10] 叶文,蒙睿.生态旅游本土化·云南[M].北京:中国环境科学出版社,2006:102-106.

[11] 袁国友.论文化遗产的保护利用与开发——昆明历史文化名城保护的研究与思考[J].思想战线,2001,(03):52-57.

[12] 李瀚金.樱花专类园景观规划设计的研究[D].南昌:南昌大学,2012.

[13] 祝遵凌主编.景观植物配置[M].南京:江苏科学技术出版社,2010:116-117.

[14] 王浩,谷康,严军,等.园林规划设计[M].南京:东南大学出版社,2009:141-142.

[15] 刘桂玉,罗中伟.如何在园林设计中体现地域文化特色[J].吉林农业,2011,(5):279.

[16] 王红宝,谷立霞.基于旅游体验的非物质文化遗产保护性旅游开发研究[J].广西社会科学,2010,(11):61-64.

浅谈顾村公园樱花营造与经营

费富根　黄爱华　张　忠　李　勇

（上海市宝山区生态专项工程建设指挥部，上海顾村公园　上海　201900）

摘要：经过连续三届"上海樱花节"的积淀和传承，"樱花节·顾村公园"的品牌已深入人心，成为宝山区的一张文化名片，在上海乃至华东区域，都有了较高知名度。本文从顾村公园樱花营造、经营、樱花的栽植技术与日常管理等方面，详细介绍顾村公园樱花品种、景观特色以及樱花的日常养护和管理方法。同时，从樱花节活动中总结经验教训，为顾村公园未来发展提出可行性建议，不断提升和扩展樱花节品牌，在管理和建设等方面不断提升和完善。

关键词：上海樱花节；樱花营造；樱花经营；樱花管护；顾村公园

顾村公园位于上海市宝山区外环线（S20）以北，东起沪太路，西至陈广路，地铁M7线紧邻公园，规划面积约430 hm²，是一座集生态防护、景观观赏、休闲健身、文化娱乐、旅游度假等功能于一体的大型城市郊野森林公园。

顾村公园分两期建设，一期用地面积约180 hm²，于2011年全部建成开放。规划布局"一轴、一带、二区、七园"，即公园悦林大道景观发展轴、外环100 m生态防护林带、东北二个入口景观及配套服务区、异域风情园、森林烧烤园、郊野森林园、森林漫步园、儿童森林嘉年华、森林运动园、秋景观赏园。二期用地面积约250 hm²，正在规划建设中。园内自然水系、湿地、植物群落、田园风光交汇融合，传承历史人文，体现人与自然和谐相处的生态理念。

顾村公园以"春赏樱"、"夏赏荷"、"秋赏桂"、"冬赏梅"四季赏花为特色，并突出"上海樱花节"品牌，重点彰显"以人为本"的思想，满足游客观赏需求。从2011年开始，公园已连续举办三届"上海樱花节"，使顾村公园的知名度得到大幅提升。为了更好地开展樱属植物种质资源研究、储备、开发与保护，挖掘"樱花文化"，提升植物景观品质，培育特色公众品牌，2012年12月27日，顾村公园联合上海辰山植物园和上海市园林科学研究所，挂牌成立了上海樱花研究所。

1 顾村公园樱花营造

顾村公园的樱花主要分布在郊野森林园(樱花林)、儿童乐园(樱花园)、森林运动园和森林漫步园等四大赏樱区域,在全园其他区域也有零星分布,总占地面积近800亩,超万株,28个樱花品种,苗木规格在地径5~40 cm之间,早、中、晚樱穿插种植,由点带面,互为映衬,花期达一个月之久,花色丰富多样(见表1)。

表1 顾村公园栽植的樱花品种表

序号	品种	地径 /cm	花色 / 花瓣形态
1	松月樱花	8.1~10.0	淡红、重瓣
2	天川樱花	6.1~8.0	淡红、重瓣
3	御衣黄樱花	8.1~10.0	黄绿、重瓣
4	红笠樱花	8.1~10.0	淡红、重瓣
5	花笠樱花	8.1~10.0	红色、重瓣
6	寒绯樱	6.1~8.0	紫红、重瓣
7	骏河台樱花	6.1~8.0	白色、单瓣
8	米国樱花	8.1~10.0	淡红、单瓣
9	寒樱	6.1~8.0	淡红、单瓣
10	福禄寿樱花	6.1~8.0	淡红、重瓣
11	永源寺樱花	6.1~8.0	白色、重瓣
12	小彼岸樱花	6.1~8.0	淡红、单瓣
13	红枝垂樱花	6.1~8.0	淡红、单瓣
14	大岛樱	8.1~10.0	白色、单瓣
15	才力樱花	6.1~8.0	淡红、单瓣
16	白雪樱花	6.1~8.0	白色、单瓣
17	羽城枝垂樱花	6.1~8.0	淡红、单瓣
18	杨贵妃樱花	6.1~8.0	淡红、重瓣
19	阳春樱花	6.1~8.0	淡红、单瓣
20	神代曙樱花	6.1~8.0	淡红、单瓣
21	思川樱花	6.1~8.0	淡红、半重瓣

（续表）

序号	品种	地径 /cm	花色 / 花瓣形态
22	河津樱	8.1~10.0	紫红、单瓣
23	染井吉野樱花	8.1~10.0	淡红、单瓣
24	郁金樱	8.1~10.0	黄绿、重瓣
25	兰兰樱花	8.1~10.0	白花、重瓣
26	菊樱	6.1~8.0	单瓣，白花，
27	早樱	10.1~12	单瓣，白花，
28	日本晚樱	4.1~6.0	重瓣，大红

特色品种主要有粉红色的河津樱，红色的寒绯樱、红笠、花笠，黄绿色的郁金樱、御衣黄，淡红的米国、松月、羽城枝垂、天川、兰兰，白色的骏河台、染井吉野、大岛樱花等。

其中白色单瓣系列的早樱成片种植，开花时间在3月中下旬，主要有染井吉野、日本早樱等先花后叶品种，数量极大，开花时节一片雪白，放眼望去犹如置身花的海洋，落花时节更是别有一番滋味。

晚樱重瓣（半重瓣）系列的樱花如郁金、兰兰、米国等主要分布在樱花林樱花大道两侧，成线状分布，开花时间在4月上中旬，开花时节层层叠叠、云蒸霞蔚、五彩缤纷，极为壮观。

1.1 郊野森林园赏樱区（樱花林）

樱花林位于公园一期郊野森林园内，是公园最早种植的樱花，已生长5年，占地200余亩（133 000 m²），集中种植6 000余株樱花。该区栽植的樱花品种有28个，特色品种如御衣黄、骏河台、红笠等；花色有淡红、粉、紫、黄绿、白色等；花型有重瓣和单瓣之分。

整个樱花林通过樱花坡、樱花大道、樱花夹径、樱花群落、樱花木栈道、赏樱亭等，着力打造"春到樱来、樱花烂漫、落樱缤纷"的顾村郊野森林公园特色赏樱区。樱花为落叶树种，考虑到常态与冬季的景观衔接，樱花林除了点缀常绿乔木外，以大面积常绿四季花草地被作陪衬，形成春夏甜美、夏秋热烈、移步换景的景观效果。

1.2 儿童乐园赏樱区（樱花园）

樱花园位于儿童森林嘉年华东部，总面积约25 000 m²（近40亩），于2012年建成。种植日本早樱、日本晚樱、菊樱、垂枝樱等花型秀丽的四个樱花品种约500余株，与樱花林隔岸相望，一园一林互为烘托，姐妹园林相得益彰，是公园又一处赏樱佳地。

樱花园依河而建，地势起伏，以菊樱、日本早樱、垂枝樱和晚樱等4种樱花为主景，配以大块面草坪和白玉兰、紫玉兰、垂丝海棠等开花树种，点缀格调清雅的长廊和樱花系列组景，形成樱水相连的胜景。园中尤以四株姿态秀丽、超大规格的多杆樱花为亮点，给游客带来靓丽的视觉效果和美妙的赏樱乐趣。游客漫步于园内,可在樱花树下留影嬉戏,感受"春到樱来"之浪漫,体验"落樱缤纷"之美妙。

1.3　森林休闲运动园赏樱区

森林休闲运动园赏樱区域约 180 000 m², 是公园最新栽种的樱花,属于疏林草地型赏樱区,主要栽种的是早樱和晚樱,群芳中有一棵垂枝樱,胸径 18~20 cm,高 6 m 尤为引人注目。盛开时如玉树琼花和盘托出,轰轰烈烈香溢天际。游客在樱花粉舞翩跹中,仰头抬手,融进那梦幻般的纯净天幕,尽得樱花美韵之享受的同时,还可到笼式足球场、网球场、篮球场等,为游客带来休闲健身、有氧锻炼的清新感受。

1.4　森林漫步园赏樱区

森林漫步园赏樱苑区域约 50 000 m², 也是最新栽种的樱花,主要是早樱与晚樱,其主要特点是树枝洒脱舒展,花大叶茂,绽放由粉白色、淡红色转变成深红色的花朵。盛开时节花海荡漾,醉霞绯云,烂漫璀璨,蔚为壮观,犹如在向游客巧笑情兮,美目盼兮。樱花掩映下曲径通幽,与文化休闲亭内外历代佳诗《洛神赋》、《短歌行》、《长门赋》等融为一体。更具"翩如惊鸿,宛如游龙"之诗情画意。故白天赏樱曰朝樱,旭日辉映的是樱花之美。夜晚观樱,品的是幽雅静寂特有的花韵。

2　顾村公园樱花的栽植技术与管理

樱花属浅根性树种,要求排水透气良好,积水易诱发病虫害,长势衰弱。因此,在栽植过程中采取堆高地形、铺设排水管等方法避免积水,樱花园及新扩建的樱花栽植区域均是以微坡地形为主营造。在水位低的地方进行高栽,将栽植的穴垫平后,再在上面堆土栽苗。樱花树体大,喜光,怕风。樱花栽植的时间在秋末及早春时期。栽好后浇水,充分灌溉,用支棍架好,以防大风吹倒。在树周围特别是根系分布范围内,防止土壤踏实并及时松土。行人践踏会使树势衰弱,寿命缩短,甚至造成烂根死亡。

由于顾村公园属于新建的城市郊野森林公园,原为老林地、农田、厂房、村庄等,土壤类型多样而复杂,建筑垃圾多,呈现显著的偏碱性特征,板结、缺肥。年降水量分布不均,全年气象灾害较为频繁,主要灾害性有暴雨、干旱、大风等。加之大规模节庆活动的举办,樱花的日常管理更为重要,如何修剪、施肥,对樱花的生长、立地条件的改善和花量的多少都有着至关重要的影响。

樱花喜微酸性土壤,公园土壤偏碱性,以施硫磺粉或硫酸亚铁等方法来调节酸碱性。每年施肥两次,以酸性肥料为主。一次是冬肥,在冬季或早春施用豆饼、鸡粪、腐熟肥料、人粪尿等有机肥;另一次在落花后,施用硫酸铵、硫酸亚铁、过磷酸钙等速效肥料。同时,加强常见病虫害如樱花根癌病、桑白蚧等的防治,促进樱花良性生长。

3 顾村公园樱花经营

经过连续三届"上海樱花节"的积淀和传承,"樱花节·顾村公园"的品牌已深入人心,成为宝山区的一张文化名片,在上海乃至华东区域,都有了一定知名度。借助"上海樱花节"的舞台,顾村公园作为上海市重大生态工程和民生工程,得到了全方位展示,在促进和改善人民文化水平的同时,也极大提升了知名度和影响力。2011年和2012年的两届樱花节,累计接待入园游客190万人次,单日最高峰达12万人次,为上海历年来各类花展之最,媒体戏称"小世博"。而2013年的樱花节更是接待游客达105万人次,并创下上海公园单日游客14.98万人次的最高纪录。

顾村公园樱花节之所以能取得巨大的成功,与主题活动、服务管理、硬件设施和应急预案等方面的精心策划和周密安排密不可分。

首先,致力营造中国赏樱文化。举办"中国韵·中国传统艺术"展示和讲座、周周演等娱乐文化活动,把踏青赏樱与中国文化相结合,倡导回归自然的健康生活,弘扬民族文化。同时,还举办摄影大赛、青年交友、网友互动等活动,注重樱花节的参与性与互动性。

其次,制订了亲民、惠民、便民的各项措施,保障了樱花节的安全、平稳、有序;注重宣传,媒体高度关注,制订周密细致的宣传方案,引得近百家海内外媒体竞相前来采访,上海主流媒体也进行了大量报道。市民高度关注樱花节,网友评论说顾村公园是最令人期待的上海赏樱胜地。公园也主动回应社会关切,透明、公开樱花节信息,把握舆论引导的主动权;拓展市场化运作,与知名企业达成广告赞助,还引进各大特色餐饮,受到游客欢迎。

以"樱满枝头花争艳"为主题的"2013上海樱花节"秉承前两届樱花节理念,以郊野森林游为主线,通过踏青赏花和节庆活动的形式,突出文化建园、文化办节方针,弘扬海派文化,充分发挥本地人文资源和自然资源优势,打造融观赏、参与、互动为一体的文化盛事,力求将"樱花节·顾村公园"发展为全国性的知名旅游节庆品牌。节日期间将举办"樱花论坛、赏樱选魁、樱香雅韵、春知樱觉、樱生缘聚、樱传天下"等六大主题活动,突出知识性、趣味性、参与性和时代感,充分的体现"人·文化"办节方针。

首次举办的"顾村樱花论坛"是2013上海樱花节的重头戏,随着顾村公园成为市民踏青赏樱的佳地,为了提高樱花研究与应用水平,邀请知名专家学者,以"樱花种质资源与创新"为主题,举办首届顾村樱花论坛,并编辑出版论文集。

"樱传天下"也是区别于前两届樱花节的特别活动,公园与邮政局合作,发行樱花节特别邮票和邮戳,在樱花节出售纪念卡片、明信片等,让游客汲取樱花的祝福,传递美好愿景。

4 未来工作方向

樱花节给顾村公园的发展带来了机遇和挑战,也给顾村公园提出了更高的目标和要求。我们将从樱花节的举办中总结经验和教训,从提升和扩展樱花节品牌出发,在管理和建设等方面不断完善和提升。

4.1 进一步打造樱花节品牌

一是不断培育和完善中国赏樱文化,提升樱花节内涵,使之焕发独特魅力;二是结合樱花研究所的建设,通过多方合作,发挥各自优势,形成以行业、科研机构为依托的产学研结合的联合机制,努力将上海樱花研究所建成为国内一流,在国际上有一定影响的樱属植物资源研究机构;力争在樱花历史文化、樱属种质资源引种、驯化、繁殖栽培技术、有害生物防控等方面取得成绩和突破;继续提升"上海樱花节"的品牌影响力,努力将顾村公园打造成上海乃至中国的赏樱胜地。

4.2 进一步探索和优化办节模式

将继续坚持政府为主导的办节模式,整合公共资源,协调各种关系。同时,以可持续发展为前提,不断提高经营管理的理念,开发和拓展樱花节市场,增加樱花节的活力。

4.3 进一步提高公园管理水平

强化公园管理,完善硬件配套设施,提升服务质量;注重绿化养护和景观营造,创造更优、更美、更和谐的游园环境。

应对赏樱热潮的樱花研究与应用
——首届"顾村樱花论坛"观点综述

张庆费

（上海辰山植物园，上海　201602）

摘要：首届"顾村樱花论坛"是我国首次举办的樱花专业论坛，来自全国各地的樱花专家针对樱花品种资源的收集与分类、樱花栽培与养护、樱花园林景观配置与营造、樱花旅游与产品开发等热点和难点问题，进行了热烈讨论和交流，取得丰硕成果，达到了交流和合作的目的。本文对本届樱花论坛的主要观点和成果进行了综述，为更好地促进樱花研究与应用的健康和良性发展提供参考。

关键词：顾村樱花论坛；种质资源；栽培与养护；景观营造；旅游开发

樱花作为优良早春观化植物，已经成为美丽春天的重要象征，深受市民喜爱，2013年上海顾村公园樱花节接待游客达105万人次，并创下上海公园单日游客14.98万人次的最高纪录。面对汹涌的赏樱热潮，如何提高樱花研究与应用水平，促进樱花相关产业的健康发展，亟待开展樱花研究开发，并建立合作交流平台。2012年12月27日，上海顾村公园、上海辰山植物园和上海市园林科学研究所联合成立了上海樱花研究所，将致力于樱花品种资源的培育开发、樱花园林景观应用、樱花文化产业研究等。

2013年4月13日，上海市绿化和市容管理局、宝山区政府、中国园艺学会观赏园艺专业委员会联合主办，上海樱花研究所承办了首届"顾村樱花论坛"，这也是我国首次以樱花为主题的专业论坛，来自7个省市的20多名樱花与园林植物专家，齐聚上海顾村公园，围绕"樱花种质资源创新与应用"主题，针对樱花品种资源的收集与分类、樱花栽培与养护、樱花园林景观配置与营造、樱花旅游与产品开发等热点问题，进行了热烈讨论，取得丰硕成果。本文就主要内容和观点进行综述。

1　我国樱花品种资源、分类与收集

南京林业大学王贤荣教授在"樱属种质资源研究"报告中指出，经过10多年的野外调查和文献收集,目前国内种植的樱属品种可初步划为20个种系66个种及品种,并以花型、花色、树型、幼叶颜色等稳定性状作为划分品种的依据,反映种—品种群—品种之间的关系,编制检索表。当然,樱花品种资源研究尚处于起步阶段,樱属植物资源丰富,性状变异较大,品种名称和描述混乱,品种归属还存在争议,需要进一步修订与完善,形成统一规范的名称和科学系统的分类体系。

目前,我国对樱花资源收集越来越重视。如上海植物园高级工程师朱继军介绍了该园保存的60多个国内原生种和日本品种,主要有尾叶樱、钟花樱、东京樱花、日本晚樱、樱桃和山樱花等。上海辰山植物园刘洋介绍了该园收集的50多个樱花品种,并根据主要观赏特性,区分了狭锥形、宽锥形、瓶形、伞形等品种;白色、粉白色、粉色、粉红色、紫红色和黄绿色品种;秋冬开花、早春开花、阳春开花、晚花类品种。浙江省鄞州区林业站通过构建樱花品种观赏性状评价体系指标,并结合园林观赏度、应用的广泛度和品种的新颖度等,得出'白菊樱'、'绿樱'、'八重红垂枝'、'关山'、'红叶樱'、'普贤象'、'一叶樱'、'钟花樱'是绿化应用价值较高的优良品种。无锡园林总公司耿树云高工介绍了我国首个樱花专类园——鼋头渚风景区樱花林,1988年2月底,在无锡鼋头渚建成1 500余株的800 m长樱花道,至2010年,扩建为20余公顷樱花专类园,并针对旅游节庆时间拉长的要求,引进不同花期的樱花品种30多个。

2 樱花种质资源创新

北京林业大学副校长张启翔教授做了"我国花卉种质创新与育种研究思考"的报告,并以梅花、月季、地被菊等种植资源创新与育种研究为例,强调积累与创新,提出应加强樱花资源收集与评价,挖掘关键种质,加大樱花选种与育种力度,并长期坚持,让樱花回归中国文化,而不仅仅是日本文化的象征。同时,他还提出应明确樱花的育种方向,如增强北方樱花越冬能力的抗寒育种、降低根癌病侵染的抗病育种、增加香味的香花育种、丰富花色的花色育种等。

青岛农业大学园林与林学院院长刘庆华教授在"青岛樱花资源与应用"的报告中,介绍了泰山香樱桃($Cerasus\ pseudocerasus$ 'taishanxiangyingtao')新品种选育,该品种利用中国樱桃的实生变异株系,培育浓郁花香的新品种,弥补了樱属植物缺乏花香的缺憾,也是木本香花植物品种选育的范例。

上海市园林科学研究所高级工程师王铖在"福建山樱花的引种与栽培应用"报告中,分析了目前樱花应用普遍存在的问题,如病害严重,树势退化早;栽培品种主要来自日本,南北方品种雷同;缺乏耐热性强,适合行道树的品种;原产樱花应用水平低而少等。通过对福建山樱花的引种、开花习性、花色以及抗逆生理研究,提出福建山樱花的育种目标(即早花品种、红色品种、耐热品种和抗病品种)和育种途径(如单株优选、人工杂交和生物技术)。

3　樱花繁殖与栽培技术

南京林业大学王贤荣教授介绍了樱属植物引种繁育技术,樱属植物种子需解除休眠,采用激素或低温层积处理促进种子萌发;穴盘育苗和冬季随播法高床田间育苗各有优劣,穴盘育苗具有种子利用率高,出苗整齐,不受季节限制,后期容易移栽等优点,但需大型温室辅助;而田间高床育苗简单易行,生长量大,培育成本低,但在出苗率低,受季节限制。观花类樱花多以嫁接繁殖,应选择接穗亲和性较好的材料作为砧木,而培育垂枝类樱花只能采用枝接。针对多数观花类樱花难生根性,扦插生根类型、机理和方法有待深入。组织培养尚难以规模化推广,需进一步完善组培方法,降低成本。

江汉大学生命科学学院蒋细旺教授在"樱花资源引种驯化与高效栽培关键技术"的报告中,认为T形芽接法、切接法、劈接法和生长季绿枝劈接法均适合樱花快速繁殖,但最适合时期有差别,如T形芽接法最适合时期是5月和10月,切接法是6月、9月和10月,劈接法是5月和10月,绿枝劈接法是5月,且均以8月的嫁接成活率最低。他还建议推广容器育苗,提高樱花全冠大苗培育水平,重视樱花树形调控,将樱花长高与长粗、速生与树形相结合。

目前,樱花种子通常采用沙藏的方法催芽,福建农林大学王珉在"福建山樱花种子变温层积催芽技术探讨"一文中,发现通过5~20℃的变温处理,可大幅缩短种子发芽时间,层积45天后种子发芽率高达93%,催芽效果最为理想,能实现当年采种当前成苗。

樱花属浅根性树种,要求排水透气良好,积水易诱发病虫害,长势衰弱。上海市宝山区生态专项工程建设指挥部常务副总指挥黄爱华在"顾村公园樱花营造与经营"的报告中,介绍了顾村公园樱花栽植经验,栽培区域以微坡地形为主营造,采取堆高地形、铺设排水管等避免积水,在水位低的地方高栽,栽植时间在秋末及早春时期。

4　樱花养护管理

武汉东湖磨山管理处马嵩波工程师结合东湖樱花园实例,以"樱花管理"为题,介绍了樱花适时施肥(萌芽期、花芽分化期、休眠期的不同施肥方式与肥料)、中耕除草管理、花前与花后适度修剪、土壤消毒、植株空洞及腐烂部分清除以及根癌病防治等技术。上海植物园朱继军高级工程师也结合该园樱花栽植和养护实践,提出了樱花栽培土壤选择与改良、移栽定植、施肥、土壤管理、支撑、修剪以及病虫防治等综合技术。

顾村公园樱花林土壤偏碱性,采取施硫磺粉或硫酸亚铁等方法调节土壤酸碱性。每年施肥两次,以酸性肥料为主。一次是冬肥,在冬季或早春施用豆饼、鸡粪、腐熟肥料、人粪尿等有机肥;另一次在落花后,施用硫酸铵、硫酸亚铁、过磷酸钙等速效肥。

樱花冠瘿病是严重危害樱花的世界性病害,上海辰山植物园李丽在"樱花冠瘿病的发生特点和防治"一文中,介绍了樱花冠瘿病的分布、症状、病原以及主要防治措施,提出可根据樱花的长势和病原的生理生化性状,判断樱花冠瘿病的发生状况,并采取有效防治措施,而生物防治是目前防治樱花冠瘿病的重要方法。

5 樱花植物造景

浙江农林大学风景园林与建筑学院院长包志毅教授在"樱花植物景观营造"的报告中，通过丰富的植物景观案例，分析樱花景观营造的优势和劣势，认为应合理定位樱花景观，以空间营造突出主题，形成良好的视觉效果，避免单一的规模化种植形式；应更多地考虑观赏角度与视角，合理利用樱花的中间层次特征，协调樱花季相、色彩、层次单调与丰富问题，以疏密相间的景致，形成樱花景观的空间与时序，弘扬樱花文化与传统，创造更好的意境。

浙江农林大学风景园林与建筑学院蔡建国副教授在"樱花品种观赏特性评价及园林利用研究"报告中，认为目前对樱花品种的园艺学性状综合评价研究较薄弱，园林应用的品种和配置形式单一。通过对杭州太子湾、花港观鱼、柳浪闻莺、曲院风荷等公园调查，樱花在杭州园林中常与建筑、草坪、溪流等园林要素结合，以衬托建筑成为点景、连接乔木林与草坪成为片景、溪流边缘行植成为带景等3种主要造景形式。建议深入研究樱花观赏特性，利用樱花和背景植物的特性，做好樱花与背景植物的配置，既要考虑各自的观赏价值，更要考虑配置后的观赏效果，并着重考虑樱花自身营建的主旨，突出文化内涵。

上海辰山植物园教授级高工张庆费以"上海闵行体育公园千米花道樱花景观营造与思考"为题，介绍了千米花道植物配置的带状规模化和景致立体化特点，通过同一花期植物和春色叶植物的群落化应用，强化立体化的花卉景观视觉冲击力。针对目前大规模樱花植物景观营造现象，指出违背樱花习性及樱花造景美学特征的现象，如苗圃式或营林式栽植，采用单一品种、规格及栽植方式，进行大规模种植，忽视樱花与周边环境（如地形、河流、池塘、湖泊、背景林、地被等）的协调和呼应；建议樱花景点营造应巧于因借，收放相宜，意境隽永，实现传统造园艺术和现代美学的和谐统一。

6 樱花旅游开发

樱花旅游是充满艺术文化品位和科普教育的休闲体验活动。顾村公园作为上海最大的樱花主题公园，成为市民春游的首选之一。黄爱华在"顾村樱花景观营造与经营"报告中，总结了通过主题活动、媒体宣传、服务管理、硬件设施和应急预案等综合措施，以郊野森林游为主线，通过踏青赏花和节庆活动的形式，突出文化建园与文化办节方针，坚持政府为主导的办节模式，打造融观赏、参与、互动为一体的文化盛事，举办"樱花论坛、赏樱选魁、樱香雅韵、春知樱觉、樱生缘聚、樱传天下"等主题活动，体现"人·文化"办节方针，营造中国赏樱文化，培育以樱花为特色的知名旅游节庆品牌。

昆明动物园的"圆通花潮"是昆明十六景之一，2000年至今连续举办樱花节，每年赏樱人数达100多万人次。昆明动物园钮建然和曹琦霞工程师以"云南樱花旅游与保护性开发研究"为题，对"圆通花潮"的樱花文化进行探究，认为不仅是简单的观花旅游体验活动，更要挖掘和提升文化内涵（如樱花文化和民俗文化等），提出申报省级非物质文化遗产的构想；并从旅游体验的角度，提出"圆通花潮"文化的保护性开发途径，让樱花旅游内涵深邃、内容丰富、形式多样、风格独特，促进当地经济、社会和文化的发展。

首届"顾村樱花论坛"的现场,见图1、图2,图3。

图1 北京林业大学副校长、中国园艺学会观赏园艺专业委员会主任张启翔教授做主旨报告:我国花卉种质创新与育种研究思考

图2 南京林业大学王贤荣教授做主旨报告:樱属种质资源研究

图3 顾村樱花论坛会场